● 電子・通信工学 ●
EKR-3

電気回路通論
電気・情報系の基礎を身につける

小杉幸夫

数理工学社

編者のことば

　我が国の基幹技術の一つにエレクトロニクスやネットワークを中心とした電子通信技術がある．この広範な技術分野における進展は世界中いたるところで絶え間なく進められており，またそれらの技術は日々利用している PC や携帯電話，インターネットなどを中核的に支えている技術であり，それらを通じて我々の社会構造そのものが大きく変わろうとしている．

　そしてダイナミックに発展を遂げている電子通信技術を，これからの若い世代の学生諸君やさらには研究者，技術者に伝えそして次世代の人材を育てていくためには時代に即応し現代的視点から，体系立てて構成されたライブラリというものの存在が不可欠である．

　そこで今回我々はこうした観点から新たなライブラリを刊行することにした．まず全体を I. 基礎と II. 基幹と III. 応用とから構成することにした．

　I. 基礎では電気系諸技術の基礎となる，電気回路と電磁気学，さらにはそこで用いられる数学的手法を取り上げた．

　次に II. 基幹では計測，制御，信号処理，論理回路，通信理論，物性，材料などを掘り下げることにした．

　最後に III. 応用では集積回路，光伝送，電力システム，ネットワーク，音響，暗号などの最新の様々な話題と技術を噛み砕いて平易に説明することを試みている．

　これからも電子通信工学技術は我々に夢と希望を与え続けてくれるはずである．我々はこの魅力的で重要な技術分野の適切な道標に，本ライブラリが必ずなってくれると固く信じてやまない．

　2011 年 3 月

編者　荒木純道
　　　國枝博昭

「電子・通信工学」書目一覧

I. 基礎
1. 電気電子基礎
2. 電磁気学
3. 電気回路通論
4. フーリエ解析とラプラス変換

II. 基幹
5. 回路とシステム論
6. 電気電子計測
7. 論理回路
8. 通信理論
9. 信号処理
10. ディジタル通信方式
11. 自動制御
12. 電子量子力学
13. 電気電子物性
14. 電気電子材料

III. 応用
15. パワーエレクトロニクス
16. 電力システム工学
17. 光伝送工学
18. 電磁波工学
19. アナログ電子回路の基礎
20. ディジタル集積回路
21. 音響振動
22. 暗号理論
23. ネットワーク工学

まえがき

　電気を人類が積極的に使おうとライデン瓶や電池を開発し始めたのは 18 世紀ではあるが，今日でも携帯電話や電気自動車用に日々電池の開発競争が繰り広げられ，太陽光発電や風力発電の開発が未来のエネルギ源として熱く議論されている．我々の社会を支えるエネルギ産業や近年の進展著しい IT 産業など，産業技術の多くは電気に依存している．電気の流れを理解し，技術を支える道具の一つとして電気を使いこなすためには，その基礎となる電気回路の動作を系統だてて理解していくことが望まれる．無線通信機器やコンピュータを構成するのも基本は電気回路であり，トランジスタや論理素子といった電子回路や非線形回路が重要な役割を演じることとなるが，その基礎となるのが，線形回路である．

　本書は，電気回路の中でも最も基本となる線形回路に対象を限定し，主として理工系の学部学生が，電気回路を理解し，実践的に利用していくための基礎知識を 1 セメスターの間に習得できるよう配慮している．第 1 章から 12 章までは，電気回路を扱う上で共通な基礎知識を中心に述べている．特に基本となる直流回路については，第 1 章から 4 章まで，多くの頁を割いている．第 5 章および 6 章では，正弦波交流の扱いを順を追って説明し，直流での理論の多くが，そのまま交流でも利用できることを説明している．第 7 章から 9 章では，各種の回路要素の組み合わせが，交流信号に対してどのように作用するかを，具体例とともに示している．第 10 章から 12 章では，大規模な回路や，複雑な回路を，どのように簡単な問題に還元するか，具体的な手法を示している．

　今日ますます重要となってきたエネルギ伝送の問題を扱うためには，やや電力工学寄りの知識も必要になる．一方，CPU クロックの高速化や，通信容量の増加に伴い高周波数化が進む通信機器を扱う向きには，12 章までの集中定数回路では扱えない事象も増加してきている．そこで，補章 1 ではエネルギ伝送に，

まえがき

よりウェイトを置いた話について，また，補章2では分布定数回路としての扱いの基礎について追記することとした．講義の性格や，全体のカリキュラムの中で，必要に応じて適宜選択することができよう．

以上，第2章以降の各章とも，具体的な理解がえられるように，例題や章末の問題を用意した．なお，回路図を記載する際の電気用図記号としては，国内では1999年にJIS C0617が日本工業規格として定められている．しかしながら，その中で定められている抵抗や，変成器，電流源，電圧源等の記号は，従来広く用いられてきた慣用記号とは異なり，内外でその地位が確立されているとは言いがたく，また回路を理解するうえでも混乱を生じやすい．そこで，本書では，第2章でJIS C0617について解説は行うが，抵抗，変成器，電流源，電圧源等の表記は，従来から多くの成書・文献等で用いられてきた慣用記号を踏襲し，JIS C0617に定められた図記号は巻末の付録に記載することとした．

本書の読者対象は主として電気・電子・通信・情報系の学生を想定しているが，機械系や環境系など，異分野の学部・大学院生諸君が電気回路をゼミや独学で理解することもできるよう，特段の予備知識を必要としない構成としている．

古くて新しい技術要素である電気回路は，これからも数多くの技術分野の要として位置づけられるであろうが，本書が情報伝送の媒体として，あるいはエネルギ伝達の担い手である電気の扱い方について，回路の立場から理解する一助となれば幸いである．

2011年8月

小杉幸夫

目 次

第1章
電気回路とは　　1
　1.1　工学における電気回路の役割 …………………………… 2
　1.2　回路の分類 ………………………………………………… 3

第2章
電圧と電流　　7
　2.1　電気回路で用いる記号と単位 …………………………… 8
　2.2　抵抗器とオームの法則 ……………………………………11
　2.3　電圧源と電流源 ……………………………………………12
　2.4　キルヒホフの法則 …………………………………………14
　2 章 の 問 題 …………………………………………………16

第3章
電源回路の等価表現　　17
　3.1　重 畳 の 理 ………………………………………………18
　3.2　鳳–テブナンの定理 ………………………………………20
　3.3　ノートンの定理 ……………………………………………24
　3 章 の 問 題 …………………………………………………28

第4章

直流回路の簡略化　29
 4.1　対称回路の扱い･････････････････････････････････ 30
 4.2　Δ–Y 変換･･････････････････････････････････････ 32
 4.3　無限回路の扱い･････････････････････････････････ 34
 4.4　補償の理･･･････････････････････････････････････ 37
 4 章の問題･･ 39

第5章

交流と位相　41
 5.1　ピーク値と実効値･･･････････････････････････････ 42
 5.2　キャパシタのはたらき･･･････････････････････････ 45
 5.3　インダクタンスのはたらき･･･････････････････････ 47
 5 章の問題･･ 49

第6章

交流のフェーザ表現　51
 6.1　オイラーの公式･････････････････････････････････ 52
 6.2　回転フェーザ･･･････････････････････････････････ 53
 6.3　静止フェーザ･･･････････････････････････････････ 55
 6 章の問題･･ 57

第7章

インピーダンスとアドミタンス　59
 7.1　「抵抗」の拡張としてのインピーダンス･･･････････ 60
 7.2　合成インピーダンス･････････････････････････････ 63
 7.3　CR フィルタの動作･････････････････････････････ 67
 7.4　複素電力･･･････････････････････････････････････ 70
 7.5　供給電力最大の条件･････････････････････････････ 74
 7 章の問題･･ 76

第 8 章

共振回路と Q   77

    8.1　直列共振回路 ·· 78
    8.2　並列共振回路 ·· 81
    8.3　回路の Q とエネルギ ······································ 85
    8.4　交流ブリッジ ·· 90
    8 章 の 問 題 ·· 91

第 9 章

変　成　器   93

    9.1　フェーザに対する変成器の効果 ······················· 94
    9.2　理想トランスとインピーダンス変換機能 ··········· 97
    9.3　T 形等価回路 ·· 100
    9 章 の 問 題 ·· 102

第 10 章

節点電位法   103

    10.1　節点方程式 ·· 104
    10.2　スーパー・ノードの扱い ······························· 107
    10 章 の 問 題 ·· 110

第 11 章

閉路解析とグラフ   111

    11.1　電気回路のグラフ表現 ··································· 112
    11.2　基 本 閉 路 ·· 114
    11 章 の 問 題 ·· 117

第12章

2ポート回路の行列表現　　119

12.1　Z 行列，F 行列，H 行列 ……………………………120
12.2　2 ポート回路の相互接続 ……………………………125
12.3　入力インピーダンスと出力インピーダンス………128
12.4　相 反 定 理………………………………………………131
12 章 の 問 題 ………………………………………………135

補章 1

送電とエネルギ効率　　137

補章 1.1　対称三相交流 …………………………………138
補章 1.2　送 電 効 率 ……………………………………141
補 章 1 の 問 題 ……………………………………………144

補章 2

分布定数回路への拡張　　145

補章 2.1　波動方程式のフェーザ表現 …………………146
補章 2.2　特性インピーダンス …………………………148
補章 2.3　反射波と定在波 ………………………………149
補章 2.4　駆動点インピーダンス ………………………151
補 章 2 の 問 題 ……………………………………………153

付録 1

JIS C0617 に定められた図記号　　155

付録 2

2ポート主要行列表現間の変換表　　157

問 題 略 解　　159
参 考 文 献　　170
索　　　引　　171

第1章

電気回路とは

　東日本大震災を契機に，私達は日常生活の中でエネルギ伝送の担い手として，あるいは情報伝達の道具立てとして，「電気」の果たす役割を再認識することとなった．本章では，私達の生活と電気の関わり合いについて述べるとともに，この電気を飼いならし，社会のニーズに合うように仕立て上げる中で必要とされる工学としての電気回路の解析，その体系がどのように大別されるか，回路の分類と，それぞれの具体例について概観し，学問体系の中での本書の立ち位置を説明する．

1.1　工学における電気回路の役割
1.2　回路の分類

1.1 工学における電気回路の役割

今日，我々の生活の多くは電気によって支えられている．一日たりとも電気のない生活はほとんど考えられないといっても過言ではない．地震などの災害の際，ライフラインとしての電力供給，通信回線，これらが途絶すればたちまちパニック状態になる．災害対策として準備されるものを考えてみよう．まずは懐中電灯，携帯ラジオであり，準備の良い人であれば予備電池やケイタイ電話の充電用の太陽電池，手動発電機を準備する向きもあるであろう．

このように，水や空気，食料とともに現代社会に生きる我々人類は電気の恩恵をあらゆる形で受けている．人類の電気とのつきあいは，遠くは古代ギリシャ時代よりコハクなどの絶縁体の摩擦によって得られる静電気や，しびれエイなどの電気魚を使った痛みの治療などにも見られるが，電気を安定した形で保存する技術がドイツやオランダで開発されたのは 18 世紀前半になる．1746 年オランダのライデン大学での研究が有名で，その名にちなんでライデン瓶と呼ばれている．より安定な電気が得られるようになったのは 1800 年イタリアのボルタによって電池が発明されてからである．

今日，電気は火力や，水力，原子力，太陽光などのエネルギ源をもとに発電され，各家庭や工場に送られるが，その電気の果たす役割は大きく分けてエネルギの輸送と，信号の表現媒体である．前者は，電車や電気自動車，工場の機械の動力，家庭の照光やエアコンなど，その例は枚挙にいとまがない．後者の信号表現媒体としては，電信・電話に始まり，ラジオやテレビ，今日の IT 産業の原動力となっている信号の伝達手段としての電気信号，パソコンやケイタイ電話で用いられている各種の論理素子，記憶素子，これらも電気なくしてはその動作のほとんどが実現できない．

このように，我々の生活を支えるようになった電気を効率良く送り，分配し，また信号を目的にかなった形に整える目的で，電気回路は使われる．本書では，エネルギや，信号の媒体としての電気をどのように導き，活用していくことができるか，電気回路の性質，すなわち自然法則に従って電気がどのように流れるのかを，体系的に説明していく．

1.2 回路の分類

回路の性質を体系的に説明していくうえで，本書では電気回路の中で最も重要な線形電気回路について述べていくが，その前に，電気回路にはどのような種類の回路があるか，概観してみよう．

(a) 線形回路と非線形回路

まずは，最も単純な例として，電圧 E が 1.5 V で一定な電池 1 個と，抵抗値 R が 3 Ω（オーム）の抵抗器が接続された図 1.1 の回路を考えてみよう．すぐに分かるように，この回路を流れる電流 I は，オームの法則に従い，$I = E/R = 1.5/3 = 0.5$ A となる．

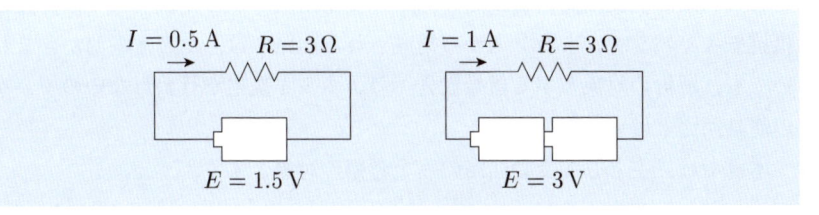

図 1.1 線形回路の例

この回路の電池を，同じ電池 2 個を直列にしたものに置き換えると，今度は，流れる電流が $I = (1.5 \times 2)/3 = 1$ A となる．すなわち，電源電圧を 2 倍にすると，回路に流れる電流は 2 倍になり，電流と電圧との間には比例関係が維持される．このように入力を a 倍にすれば，出力も a 倍になる回路は **線形回路** (linear circuit) と呼ばれる．通常の抵抗器やキャパシタ（コンデンサ[1]），コイルなどから構成される回路は，線形回路である．もう少し一般的な表現については，第 3 章で触れるが，このような線形性が成り立たない回路のことを非線形回路 (nonlinear circuit) と呼びダイオードや放電管などを含む回路が非線形回路に属す．

---

[1] 蓄電器はわが国では慣用的に「コンデンサ」と呼ばれているが，英語圏ではコンデンサ (condenser) は主として冷凍機などの冷媒凝縮機を意味するため，電気回路ではキャパシタ (capacitor) を使うのが一般的である．例外的にはコンデンサ・マイクの場合には，英語でも condenser microphone と呼ばれる．

線形回路は，以降の各章で述べるように，数式表現が容易で，理論的な展開がしやすい．本書では，主に線形回路のみを考察の対象とする．

(b) 受動回路と能動回路

電気回路のもう1つの分類の仕方は，「受動」か「能動」かという分け方である．受動回路（passive circuit）とは，扱う信号について，ほかのエネルギ源から信号のエネルギへと電力を変換するメカニズムを内在しない回路のことをいう．通常の抵抗やキャパシタ，コイル，トランスなどからなる回路は受動回路に属する．これに対して，トランジスタや真空管などを使った増幅器や，発振器などは，外部から直流によるエネルギ供給を受けて信号成分にエネルギを変換するメカニズムを内在するので能動回路（active circuit）と呼ばれる．電源を含む回路を能動回路，含まない回路を受動回路とする定義もあるが，通常の抵抗やキャパシタ，トランスから構成される回路では，たとえ電池が含まれていても，解析の対象とする信号成分へのエネルギ変換が行われないので，本来の能動回路とはいえない．

本書では，主として受動回路のみを考察の対象とする．

(c) 集中定数回路と分布定数回路

導線に電気が流れるということは，導体内部では電流と逆向きに電子の移動が起こることを意味するが，同時に導線の周囲には電磁界が発生する．従って電気信号の回路を伝わる速度は，導体の周囲にある誘電体による減速効果も受けるが，ほぼ光速 c のオーダであり高々 30万 km/h である．このことは，有限長の導体の一方に高い周波数の信号電圧を加えた場合，導体の他端にまで電圧が達するときには，加えた側の電圧は別の値になっている．

このように，導体の場所によって異なる電圧や電流の分布を積極的に評価して回路の問題を定式化したものを分布定数回路（distributed circuit）と呼ぶ．しかしながら，扱う回路の大きさが，扱う信号の電磁波の波長に比べて，十分に小さい場合には，このような電圧や電流の分布は無視され，導体上で同一の電圧が観測されるものとして扱うことができる．このように，回路の導体や素子中の電圧や電流の分布が無視でき，各素子の中での現象がそれぞれ一点に集中して表現可能な回路を集中定数回路（lumped element circuit）と呼ぶ．

集中定数として扱うべきか，分布定数で扱うべきかは，対応する電磁波の波長

と，扱う回路の幾何学的な大きさとの相対関係で決まる．すなわち，周波数が低いからといっていつでも集中定数でよいというわけではない．一例として，大陸を横断する送電線を考えてみよう．いま，仮に送電距離を 1500 km，周波数 f を 50 Hz とすると，波長 λ（ラムダ）は，$\lambda = c/f = 30$ 万 $[\text{km/s}]/50\,\text{Hz} = 6000\,\text{km}$ である．従って送電線の長さは $\lambda/4$ に相当する．このことは，一端の電圧がサイン波の山のとき，多端で観測される電圧はゼロとなってしまう．この線路に送信側で加わった電圧が他端で何らかの操作を受け，元の送電端に戻ってくる間に，送信側の供給電圧は 1/2 周期分変化することになり，全く別の現象を見ることになる．

おおざっぱに言うと，回路の大きさが扱う波長の 10 % を越えると，集中定数としての近似的な扱いが困難になり，分布定数回路としての扱いが必須となる．本書では，主として，集中定数回路の扱いについて考察していくが，最後の補章 2 では，集中定数についての考察が，どのようにして分布定数回路へと拡張可能かという内容についても説明する．

(d) 時不変回路と時変回路

これから本書で扱う電気回路では，回路の中に含まれる抵抗の値や，キャパシタの容量などのパラメータは固定されている時不変回路（time-invariant circuit）を主に考える．しかしながら，音圧によって静電容量の変化するコンデンサ・マイクロホンや，外部から加える電圧の履歴によって抵抗値の変わる強誘電体メモリー素子など，電子回路の中には，時間によって素子のパラメータが変化するものがあり，種々の新しい機能を実現してきている．

このように時間とともに素子のパラメータ値が変化する回路は時変回路（time varying circuit）と呼ばれる．ヒトの情報処理を支える神経素子は，神経膜に存在するイオンチャネルの開閉により，膜の等価的な抵抗値が急激に変化することで，パルスの発生・伝達を行なっている．神経素子は，この意味では時変回路であるが，同時に，イオンの濃度差が持つ化学的なエネルギから活動電位を生成・成長させる能動回路でもある．さらには，入出力関係についても，閾値素子としての動作を行うことから，「非線形回路」でもあり，神経パルスを伝送する軸索（axon）の扱いも「分布定数回路」の範疇に入る．

第2章

電圧と電流

　本章では，電気回路で扱う基本的な物理量をどのように記述するか，用いられる記号と単位について説明するとともに，電気回路を解析するのに必要な最も基本的な法則と，回路の中で現れる電源の記述方法についても概説する．

> 2.1　電気回路で用いる記号と単位
> 2.2　抵抗器とオームの法則
> 2.3　電圧源と電流源
> 2.4　キルヒホフの法則

2.1 電気回路で用いる記号と単位

(a) 回路要素の表記

家を建てたり，機械を組みたてる際には，設計図や機械図面が元となって設計が進み，実際の物が組み立てられる前に不具合がないかがチェックされる．人類が技術を発展させてくる中で，はじめは，いきなり物を作る時代があり，それが物づくりに先立って，物理現象を抽象化し，「設計」と「製作」を分離することにより，より複雑なシステムを無駄なく組み立てる技を人類は獲得してきたといえる．電気回路の場合にも，実際に電源を接続する前に，回路がどのような動作をするかを頭の中で考える助けとして，「回路図」が重要な役割を果たす．

回路図では，電気の通り道としての導線を実線で描き，抵抗や，キャパシタ，コイル，トランス，電源など，回路の中で用いられる回路要素 (circuit element) を決められた記号によって表す．これらの回路要素を，どのような記号で表すかについては，世界的には，国際電気標準連合 (International Electro-technical Commission : IEC) が定める IEC60617 規格が制定され，国際標準化機構 (International Organization for Standardization : ISO) が定める ISO 規格もこれに整合した形で制定されている．国内では，1999 年にこれらに準拠した電気用図記号 JIS C0617 が日本工業規格として定められている．

JIS C0617 に記載された図記号は巻末の付録に記載する．

この図記号では，図 2.1 (a) に示すように，固定抵抗器は長方形のブロックで，また，コイルは半円の連なりとして描かれている．これらはワードプロセッサでの描画が容易であり，機械系の図面でバネを表現する記号と電気系の抵抗器誤認がないという長所がある．反面，情報処理機器等で何らかの機能を持つ処理ブロックとしての長方形が混在した場合，回路の機能が一目で得られにくいといった短所もある．電気回路では従来から，抵抗器は同図 (b) のように鋸状の記号が用いられ，一見してほかの処理ブロックとの判別が容易なため，今もって広く使用されていることから，本書では，特に断らない限り抵抗器については (b) の表記を踏襲する．

(b) 電気回路における基本的な物理量の単位

物理量の定義とそれに付随した単位の付け方には，何からスタートするかに

2.1 電気回路で用いる記号と単位

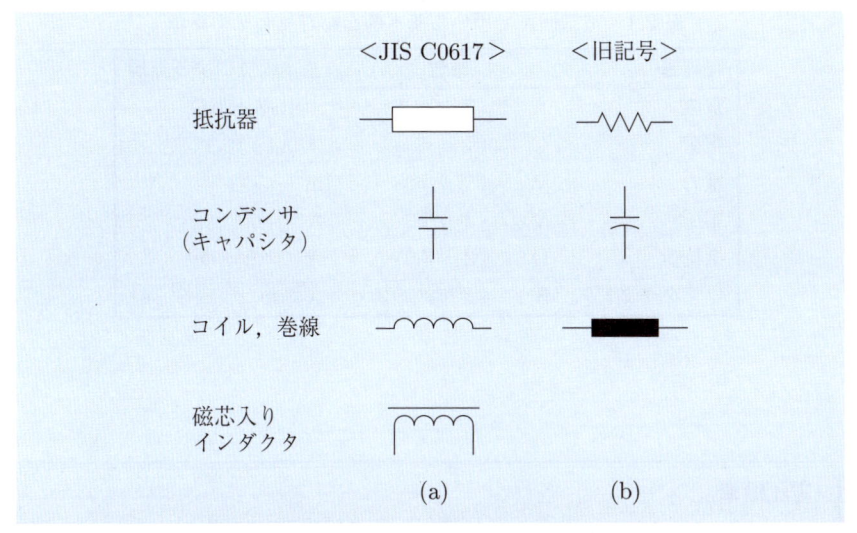

	<JIS C0617>	<旧記号>
抵抗器	─▭─	─ᴡᴡ─
コンデンサ（キャパシタ）	─┤├─	─┤├─
コイル，巻線	─ᴖᴖᴖ─	─■─
磁芯入りインダクタ	─ᴖᴖᴖ─	
	(a)	(b)

図 2.1 受動回路の基本的な回路要素の図記号

よって，幾つかの任意性があるが，国際単位系（The International System of Units：SI 単位系）では，次元的に独立な 7 つの単位（メートル，キログラム，秒，アンペア，ケルビン，カンデラ，モル）の組合せによって全ての物理量が表現される．この中で，電流を表す単位 1 A（アンペア）は，次のように定義される．

1 A：真空中 1 m 間隔で平行配置された無限小円形断面を有す無限長直線 2 導体間に通電したとき，単位長当たり 2×10^{-7} N の力を発生させる電流値（ただし，$1\,\mathrm{N} = 1\,\mathrm{kg/m \cdot s^{-2}}$）．

この電流が 1 秒間流れることによって運ばれる電気量を 1 C（クーロン）と定義する．また，電圧 1 V（ボルト）は，1 A の直流電流が 2 点間の導体を流れるとき，この 2 点間で消費される電力が 1 W（ワット）である電圧と定義される（ただし，$1\,\mathrm{W} = 1\,\mathrm{m^2 \cdot kg \cdot s^{-3}}$）．

さらには，1 A の電流を流したときに 1 V の電位差を生じる導体の抵抗値を 1 Ω（オーム），その逆数であるコンダクタンスを 1 S（ジーメンス）と定義する．これらの基本的な物理量の単位を表 2.1 に示す．

表 2.1　電気回路で用いる基本的な物理量とその単位

物理量	単位		基本単位による表現
電流	A	(アンペア)	(SI 基本単位)
電荷	C	(クーロン)	$A \cdot s$
電力	W	(ワット)	$m^2 \cdot kg \cdot s^{-3}$
電圧	V	(ボルト)	$A^{-1} \cdot m^2 \cdot kg \cdot s^{-3}$
抵抗値	Ω	(オーム)	$A^{-2} \cdot m^2 \cdot kg \cdot s^{-3}$
コンダクタンス	S	(ジーメンス)	$A^2 \cdot m^{-2} \cdot kg^{-1} \cdot s^3$

電圧標準

　本節では，電圧の単位は，電力を電流で割り算する形で定義されているが，実際には，このような仮想実験を毎回行って 1 V の電圧を確かめることは行わず，特定の電圧を安定して出せるメカニズムを電圧標準と定め，これとの比較で各種の電圧計測が行われる．

　この電圧標準としては，古くは 1800 年のボルタの電池に始まり，電圧の経年変化の少ない種々の電池が利用されてきた．特に，ウェストンによって考案されたカドミウム標準電池（ウェストン電池：発生電圧 1.0186 V）は 1892 年から IEC の国際標準として，ほぼ 1 世紀にわたって使用されてきた．しかし最近では，量子力学にもとづくジョセフソン効果を用いた標準電圧の発生方法が電圧標準の主流となり，我国では，1977 より電子技術総合研究所のジョセフソン効果を用いた電圧標準が，国家標準として採用されている．

　この国家標準で較正される二次標準電池が産業現場等で使用されるが，現在ではこれらの二次標準も，化学電池からツェナー・ダイオードを基準にした標準電圧発生器へと変遷し，0.1 ppm より高い安定度の電圧標準が得られるようになっている．

　（参考文献：村山ほか：電圧標準，電子技術総合研究所彙報 Vol.64,No.8, pp.5-9(2000)）

2.2　抵抗器とオームの法則

　SI単位系では，第1章の線形回路の定義の際にも述べたように，2点間の抵抗値が $R\,\Omega$ の導体を流れる電流 I A と，2点間の電圧 E V との間に成り立つ関係

$$E = IR \tag{2.1}$$

をもとにして，電圧，抵抗値，コンダクタンスの単位が組み立てられている．この関係は電気回路の理論の根幹を成すもので1826年にこの法則を公表したドイツ人オーム（Georg Simon Ohm）の名にちなんでオームの法則（Ohm's law）と呼ばれることはあまりにも有名であるが，この現象自体は1781年にキャベンディッシュ（Henry Cavendish）により記述されていたと伝えられる．このような比例関係が金属導体でなぜ成り立つのかという厳密な議論は，電界が加わった金属中の電子の挙動について，本書の範囲を超える量子力学的考察を必要とする．

　通常われわれが回路要素として使用する抵抗器は，金属あるいはカーボンなどの導体を細線または皮膜として陶器などの絶縁体で保持するものが一般的であるが，これらの抵抗器に加える電流が過大になると，発熱とともに，抵抗値自体も変化する．その意味では式 (2.1) の関係は近似的に成立するものである．特に，カーボン，樹脂等を固形化したソリッド抵抗では，温度の上昇に伴い，比例定数としての抵抗値の変化が無視できない場合もあるが，以降の議論では，このような温度特性は無視して，抵抗値は定数として扱うものとする．

2.3 電圧源と電流源

直流回路の動作を考える際，抵抗器とともに，電源をどのように表現すればよいであろうか．以下の議論では，電源を理想的な「電圧源」と「電流源」に分けて考える．

(a) 電圧源と内部抵抗

日頃我々が目にする直流電源の代表的な例は，乾電池であろう．これを回路図で表現する場合，図 2.2 のように，短い太線と，長めの線分を向い合わせた電圧源と，これに直列な抵抗 R_0 によって表す．この R_0 を**内部抵抗**と呼ぶ．理想的な**電圧源**（voltage source）とは，それに接続される素子の性質や，流れる電流の大小にかかわらず，常に定められた電圧を維持することのできる電源のことを表す．言い換えれば，通常用いられる電池の内部抵抗が低いほど，理想的な電圧源に近い特性を示す．

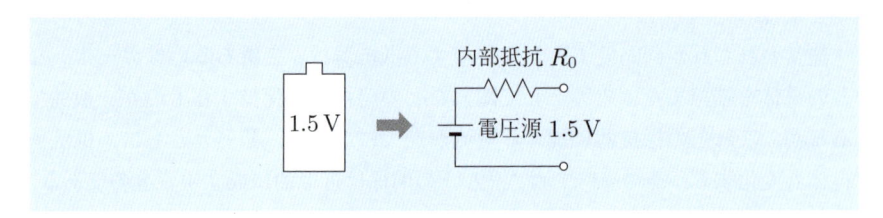

図 2.2 乾電池の等価回路

実際の単一型乾電池では，内部抵抗は $0.1 \sim 0.3\,\Omega$ 程度の値を示す．従って，大きな電流を取り出そうとすると，内部抵抗を流れる電流による電位差：$E = IR_0$ が発生し，電池の両端の電圧は低下する．これを電圧降下と呼び，例えば $1\,\mathrm{A}$ の電流を取り出す場合，この値は $0.1 \sim 0.3\,\mathrm{V}$ 程度になり，電池の端子電圧は，$1.4 \sim 1.2\,\mathrm{V}$ 程度に低下してしまう．自動車のバッテリーなどの鉛蓄電池では，この内部抵抗が非常に低いため，大きな電流を取り出しても，電圧降下は少なく，より理想的な電圧源に近い特性を示す．

(b) 電流源とその近似的実現方法

電気回路の解析を行う際に，よく用いられるもう 1 つの電源は，**電流源**（current source）である．理想的な電流源は，いかなる負荷抵抗に対しても定められ

2.3 電圧源と電流源

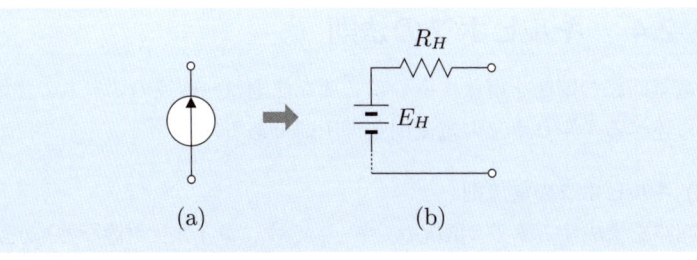

図 2.3 電流源の記号と近似等価回路

た電流を流すことのできる電源と定義される．電流源の記号は，図 2.3 (a) に示すように，円の中に矢印を記入するが，矢印の方向は電流の流れる向きを表す．

この電流源に負荷抵抗を接続したときの特性を考えてみよう．例えば，1 A の電流源といった場合，その電源に 1 Ω の負荷を接続しても，2 Ω の抵抗を接続しても，常に，1 A の電流を流す能力を持つ．この場合，端子電圧は，それぞれ 1 V, 2 V となることはいうまでもない．では，このような回路を実際に作ることはできるであろうか．実際には，電流制限回路をトランジスタなどの能動素子を使って実現されるのではあるが，例えば，身近にある電池と抵抗を使って近似的にこのような回路を作るとした場合，どのような構成になるであろうか．

図 2.3 (b) は高い電圧 E_H の電圧源と，高い抵抗値 R_H を持つ抵抗器の直列回路によって，電流源を近似的に実現する例を示す．例えば R_H を 1 kΩ, E_H を 1000 V と仮定してみよう．このような電源に抵抗値 1 Ω の負荷を接続したとき，流れる電流は $I = 1000/1001 \simeq 0.999$ A，これに対して 2 Ω の負荷を接続した場合にも $I = 1000/1002 \simeq 0.998$ A と，ほぼ 1 A の電流が流れることが分かる．すなわち，直列抵抗 R_H よりも十分に低い抵抗値の負荷については，負荷抵抗値の大小にほとんど影響されずに，同じ電流を流すことができる．もちろん，実際の装置では，このようにほとんどの電力が R_H で消費されてしまうような構成法は使われないが，「電流源は等価的には，十分に高い内部抵抗を持った電源である」という定性的な理解には役立つ解釈である．

2.4 キルヒホフの法則

電気回路の問題を解決するのに必要な法則は，前述のオームの法則と，これから述べるキルヒホフの電流則と電圧則である．

(a) キルヒホフの電流則

回路を構成する素子（抵抗や，キャパシタ，コイル，電源など）が2つ以上結ばれる点を**節点**（node）と呼ぶが，回路を構成する任意の節点に流入する電流の総和はゼロとなる．この法則は，キルヒホフの電流則（Kirchhoff's Current Law：略してKCL）と呼ばれ，式 (2.2) で表される．

$$\sum_k i_k = 0 \tag{2.2}$$

図 2.4 の例では，節点 a に流れ込む電流 $i_1 \sim i_4$ の総和がゼロになる．これは，物理的にみると，もし，節点に流入する電流の総和がゼロでないと仮定すると，節点には電荷が貯まっていくことを意味するが，節点には電荷を蓄積する要素はないので，この仮定は誤っているということで説明される．

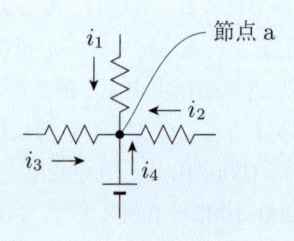

図 2.4　キルヒホフの電流則

(b) キルヒホフの電圧則

回路の問題を解くにあたって，もう1つ欠くことのできないのが，キルヒホフの電圧則（Kirchhoff's Voltage Law；略してKVL）である．これは，図 2.5 (a) に示すように，回路内に任意のループ（この図では，節点 a, b から一巡してa に戻る経路）を設定したとき，このループに沿って各隣接節点間の電位差（例えば $\Delta V_{ab} = V_a - V_b$）をループに沿って足し合わせた値がゼロになるという

2.4 キルヒホフの法則

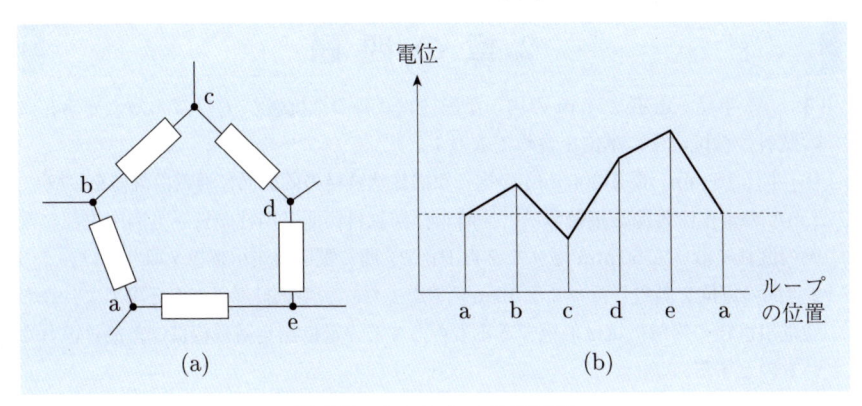

図 2.5 キルヒホフの電圧則

法則である．これは，電荷が a 点から一巡して再び a 点に戻ってきたときにも，a 点のポテンシャルは変わっていないはずであるという，電位の一意性によって説明される．

キルヒホフの電圧則は，一般には，次式のように記述される．

$$\sum_i \Delta V_i = 0 \tag{2.3}$$

ただし各隣接節点間の電位差分 $\Delta V_i = V_j - V_k$ は，ループ巡回方向の上流側の電位 V_j から V_k を差し引くというように，ループ一巡の間，首尾一貫した方法で求めることとする．

2 章 の 問 題

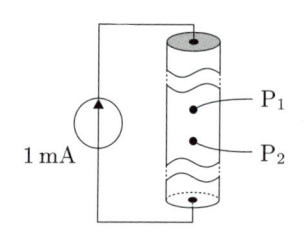

1 (a) 半径 r m 長さ L m の均一な円柱状試料の抵抗値が $R\,\Omega$ であったとき，この試料の抵抗率を，単位を含めて求めよ．

(b) 半径 10 mm，長さ 300 mm の均一な円柱状試料の両底面に通電用電極を接続し，1 mA の定電流電源を接続する．同時に，同試料側面で円柱の長手方向中央部に電流の流れに沿って 50 mm 離れた 2 点 P_1, P_2 間に電位観測用電極を取り付け，この 2 点間の電位を測定したところ 10 mV であった．この試料の導電率を求めよ．なお通電用電極の接触抵抗は無視できるものとする．電位測定用電極には電流は流れないものとする．

(c) 上記 (b) の測定で，通電用電極の接触抵抗が無視できない場合に，どのような結果が得られるか，考察せよ．

2 内部抵抗 $0.3\,\Omega$，起電力 1.5 V の乾電池 4 個と適当な抵抗とを組み合わせてなるべく理想に近い（内部抵抗がなるべく小さい）起電力 2.4 V の定電圧源を構成せよ．また，このとき用いる抵抗器は何 W 以上の定格のものを用いるべきであるか．

3 (a) 下図の回路の節点 A について，未知数 I_1, I_2 を含む形で KCL を記述せよ．
(b) 下図の E_0 および R_2 を含む閉路について KVL を記述せよ．
(c) 上記の結果を用い，I_1 を求めよ．

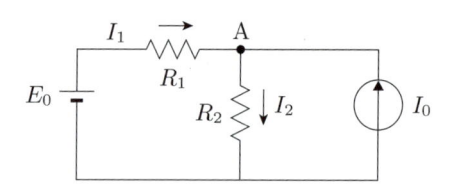

第3章

電源回路の等価表現

　前章では，電気回路に含まれる電源には，電圧源と電流源があることを述べたが，本章では，これらの電源が回路の中に多数含まれているとき，どのようにして簡単化していけばよいか，具体的な解決策を与える定理について述べる．

3.1　重畳の理
3.2　鳳–テブナンの定理
3.3　ノートンの定理

3.1 重畳の理

本節では，次節の定理の証明に必要な重畳の理（principle of superposition）（重合せの原理）について述べる．

第 1 章の線形性の説明の際には，電圧を 2 倍にした場合の電流値がやはり 2 倍になるということを示したが，より一般的には，線形性は次のように定義される．

> **線形性の定義**
>
> いま，ある回路に時間 t の関数 $f_1(t)$ が入力されたとき，出力が $g_1(t)$ であったとする．また，同じ回路に $f_2(t)$ が入力されたときには出力が $g_2(t)$ であったとする．このとき，任意の実定数 a, b について，入力 $f_3(t) = af_1(t) + bf_2(t)$ を考える．この入力を同じ回路に与えたとき，出力が $g_3(t) = ag_1(t) + bg_2(t)$ と一致するとき，この回路は「線形」であると定義される．

以上の定義で $a = b = 1$ とすると，線形回路の中に 2 つの電源が存在する場合，片方ずつの電源のみの効果を求め，両者を足し合わせることで 2 つの電源のもたらす出力を求められることを意味する．この事実を，帰納的に 3 個以上の電源に拡張すると，次の重畳の理が得られる．

> **重畳の理**
>
> 複数の電源を含む回路の任意の素子に与えられる電圧・電流は，個々の電源のみが存在する場合にその素子に与えられる電圧・電流を足し合わせることで得られる．ただし，各電源除去の際，電圧源の除去後は短絡とし，電流源除去後は開放とする．

例題 3.1

図 3.1 (a) に示す回路の抵抗 R_B に流れる電流を求めよ．

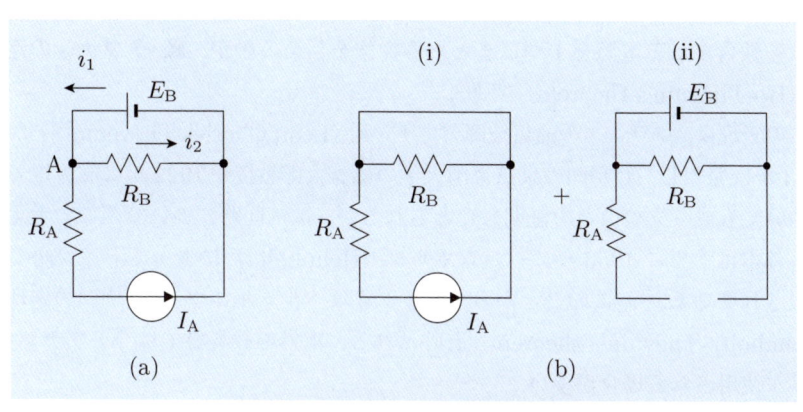

図 3.1 重畳の理による電流の算出例

【解答】図 (b) のように，電流源を除去した回路と，電圧源を除去した回路の和に分解する．この際，電流源を除去したあとは開放に，電圧源を除去したあとは短絡しておく．まず，電流源を除去した回路では，電流は電圧源より抵抗 R_B のみに流れる．従って，抵抗 R_B に流れる電流は $\dfrac{E_B}{R_B}$ となる．

一方，電圧源を除去した方の回路では，電圧源を除去したあとが短絡されているので，残っている電流源から流れる電流は，全て短絡部分に流れてしまい，抵抗 R_B に流れる電流はゼロとなる．従って，2 つの回路を重畳して得られる元の回路の抵抗 R_B に流れる電流は，$\dfrac{E_B}{R_B}$ となる．

3.2 鳳−テブナンの定理

電気回路の解析のコツは，回路をなるべく単純化して，見通しの良い形にまとめあげることである．回路の中に複数の電源が存在すると，解析が複雑になる．多数含まれる電源を1つにまとめる操作を与えるのが，鳳−テブナンの定理 (Ho-Thévenin's theorem) である．

この定理は，フランスの通信技師テブナン氏 (Léon Charles Thévenin[1]) が1883年に発表し，わが国の東京帝国大学の鳳秀太郎教授が1922年に交流電源についても成り立つことを証明したとされるが，抵抗回路についてのこの考え方の基本はすでに1853年にヘルムホルツ (Helmholtz) によってドイツ語で発表されている [2]．このことから，ドイツではヘルムホルツ−テブナンの定理 (Helmholtz-Thévenin's theorem) と呼ばれる．海外の教科書では「テブナン」のみが使用される場合が多い．

--- テブナンの定理 ---
複数の電源と抵抗からなる任意の回路は，1つの電圧源と，これに直列な1つの抵抗によって表現することができる．ただし，このときの電圧源の電圧は，元の回路の出力を開放としたときの電圧と等しく，また，直列に接続される抵抗値は，元の回路から全ての電源を除去したときの出力端子間の抵抗値と等しい．

この定理を証明する前に，以下の例題で，この定理はどのように使われるかを示そう．

--- 例題 3.2 ---
テブナンの定理を使って，図 3.2 (a) の回路を，1つの電圧源と1つの抵抗を用いて表現せよ．

【解答】 まず，図 3.2 (a) の回路の開放電圧を求める．電流源 I_0 に並列に抵抗 R_1 が接続されているので，出力端子を開放した状態では，電流源から発生する電流は R_1 だけに流れる．従って，この抵抗の両端には，上が+，下側が−の電圧 $I_0 R_1$ が発生する．これと，電圧源 E_1 が直列に接続されるため，出力端子には以下の電圧が現れる．なお，抵抗 R_2 には電流が流れないので，この抵抗

3.2 鳳–テブナンの定理

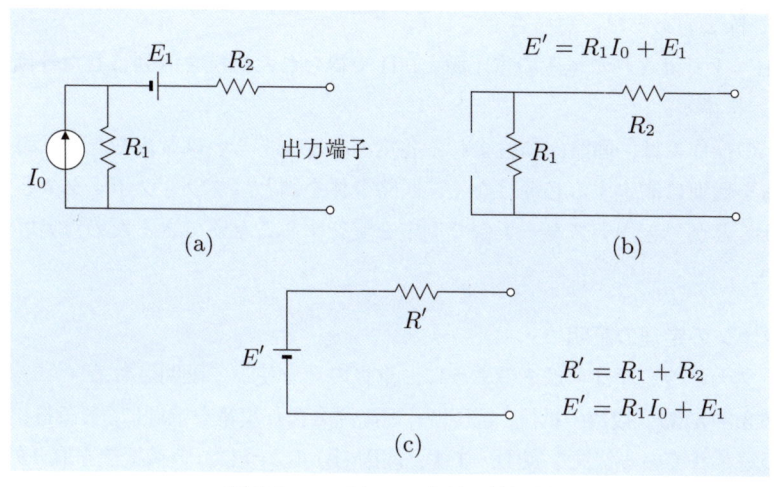

図 3.2 テブナンの定理の適用例

による電圧降下は考慮しなくてよい．

$$E'_1 = I_0 R_1 + E_1 \tag{3.1}$$

次に，同図 (b) のように回路から電源を除去する．このとき，電圧源を除去したあとは，短絡線で置き換え，電流源を除去したあとは，開放のままにしておく．この状態を出力端子側から観測し，出力端子間の抵抗を求めると，以下のようになる．

$$R' = R_1 + R_2 \tag{3.2}$$

よって，最終的に得られるテブナンの等価回路は，同図 (c) のように，1 つの電圧源と 1 つの抵抗によって表現できる． ■

以上の例題では，開放電圧および電源除去時の出力端子間抵抗を，オームの法則，およびキルヒホフの法則を適用することで理論的に求めたが，実際の回路が物理的に存在する場合には，以下の手順で，テブナンの等価回路を得ることができる．

- I. 出力端子に接続されている外部負荷を取り除き，電圧計（または電圧レンジに設定したテスター）で，開放電圧を測定する．
- II. 回路に含まれる電源を取り除く（電流源除去のあとは，開放に，電圧源

除去のあとは，短絡させておく）．

III. I で得られた電圧の電圧源と，II で得られた抵抗を直列にした等価回路を得る．

以上の操作では，回路内に含まれる各電源の電圧あるいは電流や，個々の抵抗の値を個別に測定する必要はなく，回路全体を謂わばブラックボックスとして扱うことができ，テスター 1 台で測定を実行することができるため，実用性が高い．

テブナンの定理の証明

テブナンの定理は，以下のように，重畳の理を使って証明される．

図 3.3(a) は，複数の抵抗，電圧源，電流源を含む複雑な電源に，負荷抵抗 R_L が接続されている状況を表す．まず，同図 (b) のように，負荷抵抗を取り外し，開放電圧を測定する．いま，この測定電圧が E_0 であったとする．同図 (c) では，測定された電圧と等しい電圧を有する電圧源 A と B を用意し，極性を反転して負荷と出力端子の間に挿入する．この 2 つの電圧源とも，内部抵抗はゼロであり，また 2 つの電圧が打ち消すように直列に接続されているので，この電圧源対の挿入は，抵抗値ゼロの導線と同じ効果を及ぼすのみである．つまり，図 (c) の回路は，図 (a) の回路と等価である．

ここで図 (c) を 2 つの回路 (d) と (e) の和に分解する．図 (d) の方は，元の電源回路の中身をそのままにして，外部に電圧源 A のみを挿入した構成となっている．対して，図 (e) では，元の電源回路に含まれていた電圧源，電流源は全て除去し，外付けの電圧源 E_0 のみを残した構成となっている．前に述べた重畳の理により，図 (d) と図 (e) を加え合わせた回路が同図 (c) となっていることが理解される．また，図 (d) では，もともとの電源の開放電圧と等しい電圧源を，起電力が打ち消される方向に挿入してあるので，負荷抵抗 R_L に流れる電流はゼロとなる．

つまり，元の回路 (a) で負荷に流れる電流は，回路 (e) で負荷に流れる電流のみを考えればよいことになる．ここで，回路 (e) のボックスの中の電源回路に含まれる電源は全て除去されているので，抵抗のみからなる回路となっている．つまり，図 (e) では，残された外部電圧源 B と，元の回路から全ての電源を除去した回路の抵抗に等しい抵抗器との直列回路として表現されたことになる．

3.2 鳳-テブナンの定理

(a)

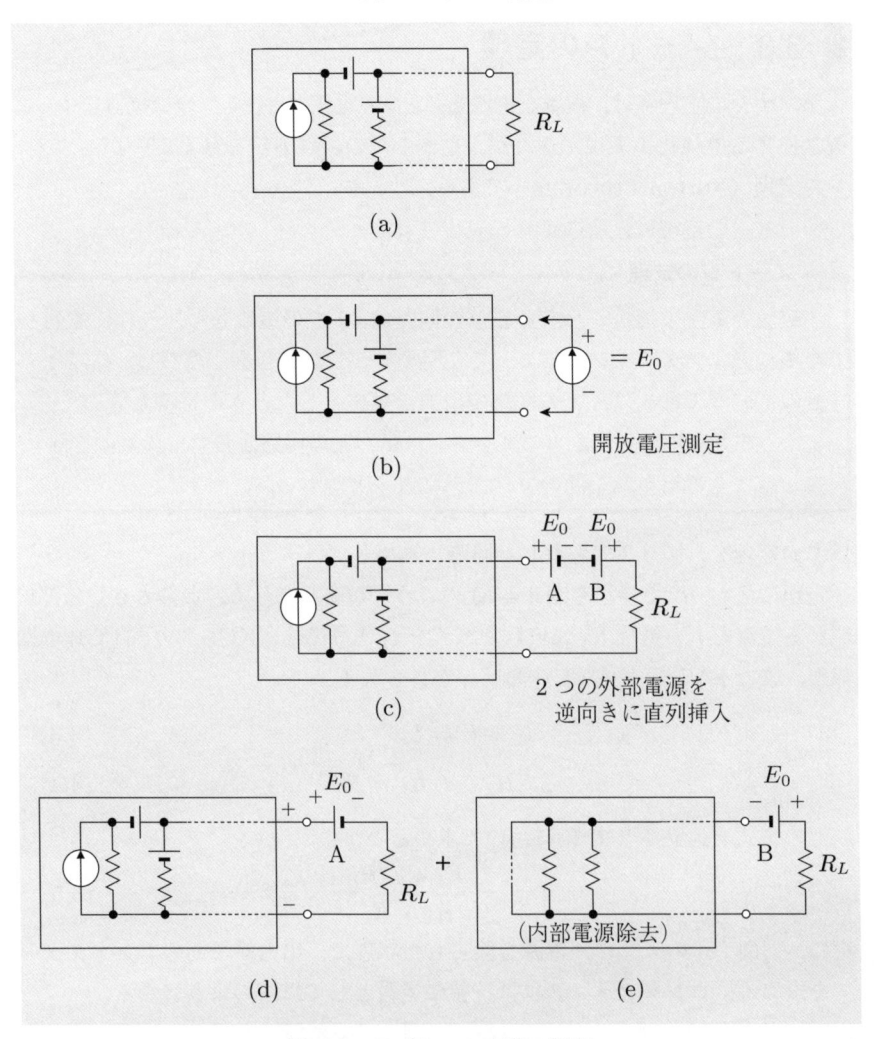

(b) 開放電圧測定

(c) 2つの外部電源を逆向きに直列挿入

(d) + (e) (内部電源除去)

図 3.3 テブナンの定理の証明

3.3　ノートンの定理

テブナンの定理では，複雑な電源を，1つの電圧源と，1つの抵抗器によって置き換える単純化が実現できたが，もう1つの表現方法を与えるのが，ノートンの定理（Norton's theorem）である．

ノートンの定理は，次のように表現される．

> **ノートンの定理**
>
> 複数の電源と抵抗からなる任意の回路は，1つの電流源と，これに並列な1つのコンダクタンスによって表現することができる．ただし，このときの電流源の電流は，元の回路の出力を短絡としたときの電流と等しく，また，並列に接続されるコンダクタンスは，元の回路から全ての電源を除去したときの出力端子間のコンダクタンスと等しい．

以上の定理を，図 3.2 で考察した回路に適用してみよう．

定理に従い，出力端子を図 3.4 (a) のように短絡してみる．このとき短絡部に流れる電流を I'，抵抗 R_1 に流れる電流を I_1 とすると，KCL より式 (3.3) の関係が，また KVL より式 (3.4) の関係が得られる．

$$I_1 + I' = I_0 \tag{3.3}$$

$$I'R_2 - I_1R_1 = E_1 \tag{3.4}$$

以上の2式を連立させて I' について求めると，

$$I' = \frac{E_1 + I_0 R_1}{R_1 + R_2} \tag{3.5}$$

次に，同図 (b) のように，電源を除去した状態で，出力端子間のコンダクタンスを求める．コンダクタンスは抵抗値の逆数として以下のようになる．

$$G' = \frac{1}{R_1 + R_2} \tag{3.6}$$

以上の式 (3.5), (3.6) より，図 3.4 (c) の等価回路を得る．

それでは，今度は，図 3.4 (c) の回路に「テブナン」の定理を適用してみよう．

開放電圧は，式 (3.5), (3.6) の積より，$E_1 + I_0 R_1$ のように求まる．一方，電源除去時の抵抗は，G' の逆数として $R_1 + R_2$ のように得られる．すなわち，例題 3.2 で得られた結果と一致する．

3.3 ノートンの定理

(a)

$$I_1 + I' = I_0 \qquad (1)$$
$$I'R_2 - I_1 R_1 = E_1 \qquad (2)$$

$$I_1 = I_0 - I'$$
$$I'R_2 - (I_0 - I')R_1 = E_1$$
$$I'(R_2 + R_1) = E_1 + I_0 R_1$$
$$\therefore I' = \frac{E_1 + I_0 R_1}{R_1 + R_2}$$

(b)

$$G' = \frac{1}{R_1 + R_2}$$

(c)

$$I' = \frac{E_1 + E_0 R_1}{R_1 + R_2}$$
$$G' = \frac{1}{R_1 + R_2}$$

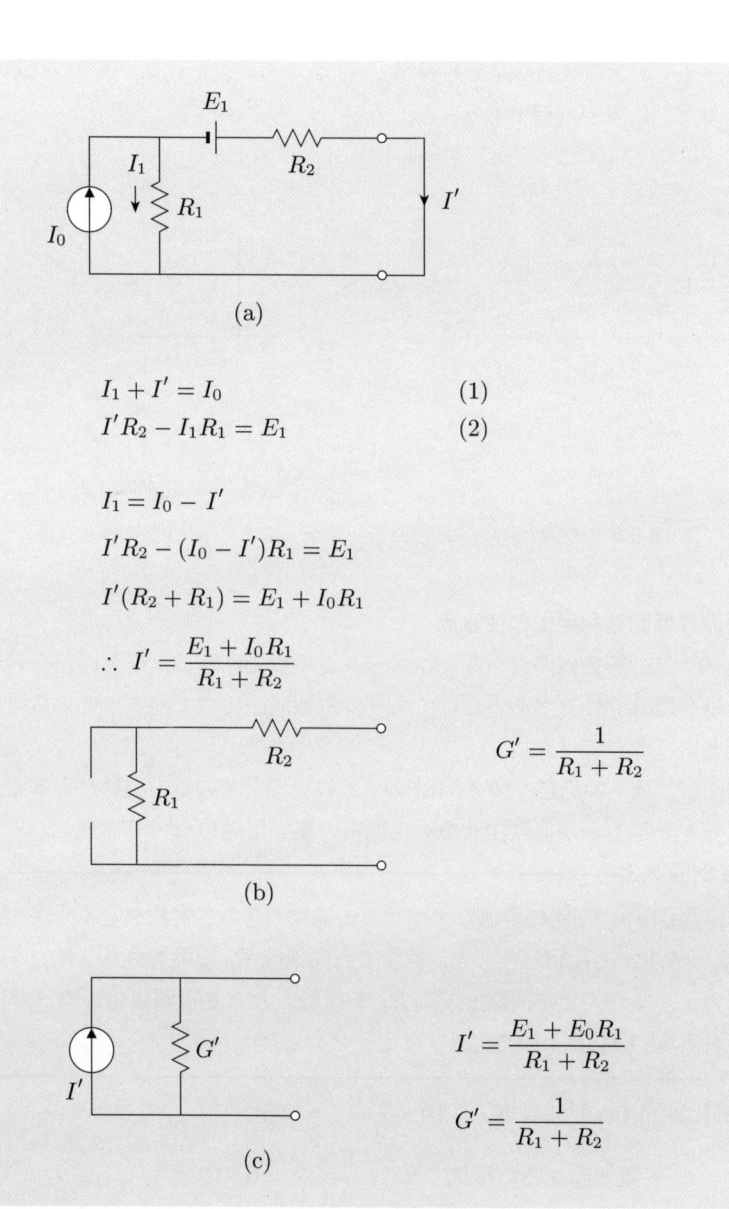

図 3.4 ノートンの定理の適用例

以上の例から分かるように，任意の電源回路は，テブナンの等価回路としてでも，ノートンの等価回路でも表現でき，2つの表現形式は，図 3.5 に示すように，お互いに変換可能である．

テブナンの等価回路

$R = \dfrac{1}{G}$

$E = \dfrac{I}{G}$

ノートンの等価回路

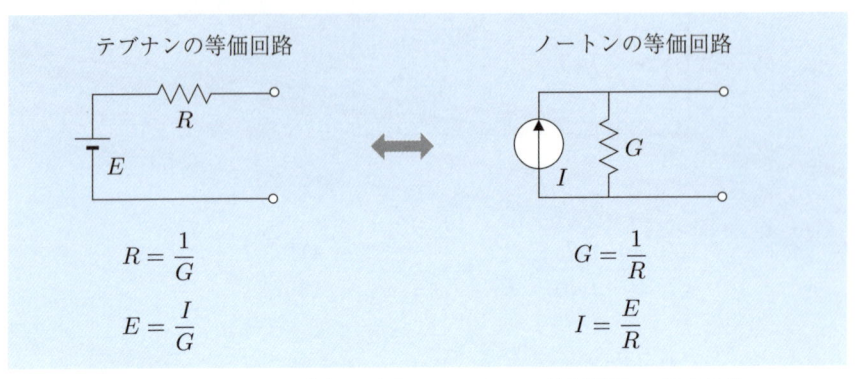

$G = \dfrac{1}{R}$

$I = \dfrac{E}{R}$

図 3.5 テブナンの等価回路と，ノートンの等価回路の相互変換

電源の等価回路利用上の注意点

テブナンの等価回路，あるいはノートンの等価回路は，電源回路を外部から見た場合に「等価」であるだけであり，電源回路の中で起こっている全てが等価だということではない．

例えば，以下の例題，図 3.6(a) のように，内部での電力消費が大きく，外部には僅かな電力しか取り出せない，効率の悪い電源について考察してみよう．

■ **例題 3.3**

図 3.6(a) の回路の等価なテブナンの回路 (b) の各定数を定め，負荷抵抗 $R_L = 1.1\,\Omega$ を接続したとき，回路の内部抵抗 R_0 で消費される電力 P_b を求めよ．また，元の回路 (a) に R_L を接続したとき電源回路の内部で消費される電力 P_a とこの電力 P_b を比較せよ．

【解答】 回路 (a) の開放電圧：$10 \times \dfrac{1}{9+1} = 1\,\text{V}$

電源除去時の抵抗：$R_0 = \dfrac{9 \times 1}{9+1} = 0.9\,\Omega$

$$P_b = I^2 R_0 = \left(\dfrac{1}{0.9+1.1}\right)^2 \times 0.9 = \dfrac{0.9}{4} = 0.225\,\text{W}$$

3.3 ノートンの定理

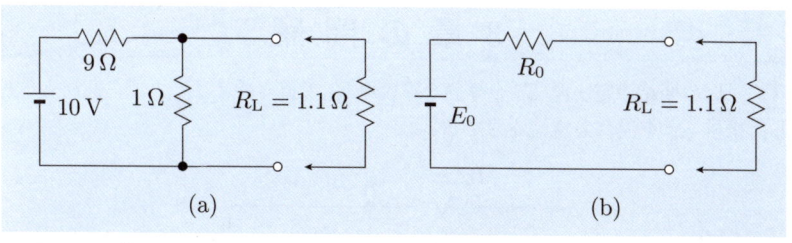

図 3.6 等価回路内部での消費電力 (a) 元の回路 (b) テブナンの等価回路

P_a について：R_L を含め全抵抗での消費電力 P_T から R_L の消費電力を差し引く．

$$P_T = \frac{E^2}{R_T} = \frac{100}{9 + (1 /\!/ 1.1)} = \frac{100}{9 + 1.1/2.1} = 10.5\,W$$

$$P_{RL} = I^2 R_L = \frac{1.1}{4} = 0.275\,\mathrm{W} \quad \therefore\ P_\mathrm{a} = P_T - P_{RL} = 10.225\,\mathrm{W}$$

となり，実際の回路 (a) の内部消費電力は，(b) から算出される値より遥かに大となる．

3 章 の 問 題

☐ **1** 下図の回路の電圧源 E_0 を等価な電流原 J_1 で置き換えることで，回路を単純化し，抵抗 R_2 を流れる電流を求めよ．

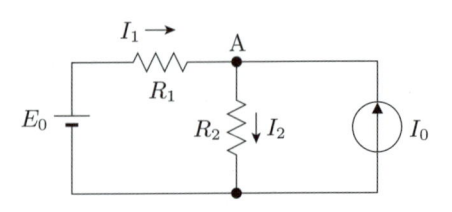

☐ **2** 下図の回路について以下の問に答えよ

(a) テブナンの定理を適用して，1 個の定電圧源と，1 個の内部抵抗からなる等価電源回路を求めよ．

(b) ノートンの定理を用いて，1 個の定電流源と，1 個の内部コンダクタンスからなる等価電源回路を求めよ．

(c) 下図の回路の端子 A, B 間に抵抗 R_L を接続したとき，R_L を除く全ての抵抗で消費される電力の総和を求めよ．ただし，$R_2 = 2R_1, R_3 = R_L = R_1$ とする．

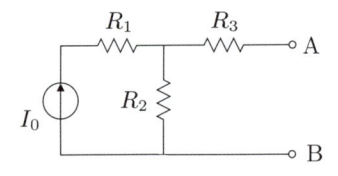

第4章

直流回路の簡略化

　電気回路の解析では，複雑な回路を単純化し，電気がどのように流れるかを分かりやすい形に変形していくことが得策である．前章では，複数の電源が含まれる回路を，1つの電圧源（または電流源）と，1つの抵抗器によって表現する方法について述べたが，本章では，複雑に抵抗が組み合わされた回路を，1つの抵抗として等価的に表現した**合成抵抗**（combined resistance）を簡単に求める方法について述べる．

　本章では，抵抗だけから構成される直流回路に限定して説明するが，その基本的な考え方は，第7章以下で扱う交流回路にも拡張可能である．

> 4.1　対称回路の扱い
> 4.2　Δ–Y 変換
> 4.3　無限回路の扱い
> 4.4　補償の理

4.1 対称回路の扱い

複数の抵抗から構成される回路を，最終的に 1 つの抵抗として等価表現する作業は，基本的には，直列抵抗の計算式：$R_S = R_1 + R_2$ と，並列抵抗の計算式 $\dfrac{1}{R_P} = \dfrac{1}{R_1} + \dfrac{1}{R_2}$ を繰り返し適用していくことになるが，回路の中に対称な構造が見出される場合には，合成抵抗を求める計算を簡略化することができる．

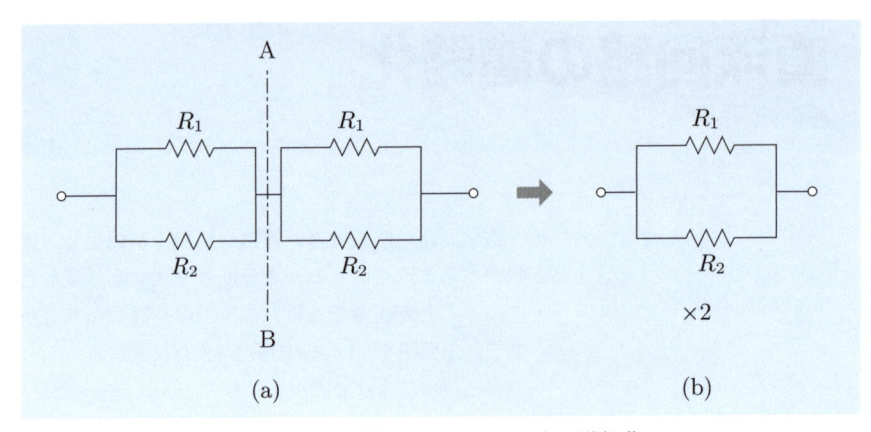

図 4.1 対称軸 A–B による回路の単純化

図 4.1 (a) は，電流の流れと直角に対称軸 A–B が存在する例である．この場合，電位の分布が，正負のみが逆となる対称性が見出されるので，同図 (b) の回路が 2 つ直列になった回路として計算することができる．すなわち，全体の合成抵抗 R_T は，次式で得られる．

$$R_T = 2(R_1 \mathbin{/\mskip-1mu/} R_2) = 2\frac{R_1 R_2}{R_1 + R_2} \tag{4.1}$$

なお，記号 // は，2 つの抵抗の合成抵抗を表すために便宜的に用いられる．

さらに有力な対称性の利用法を図 4.2 に示す．同図 (a) の回路を流れる電流は，対称軸 C–D に関して対称である．従って，A 点の電位と，B 点の電位は等しいことが分かる．すなわち，点 AB 間に存在する抵抗 R_3 には，実質的に電流は流れない．電流が流れない抵抗は，あってもなくてもよいので，同図 (c) のように抵抗を除去した回路について合成抵抗を求めると，同図 (d) のように

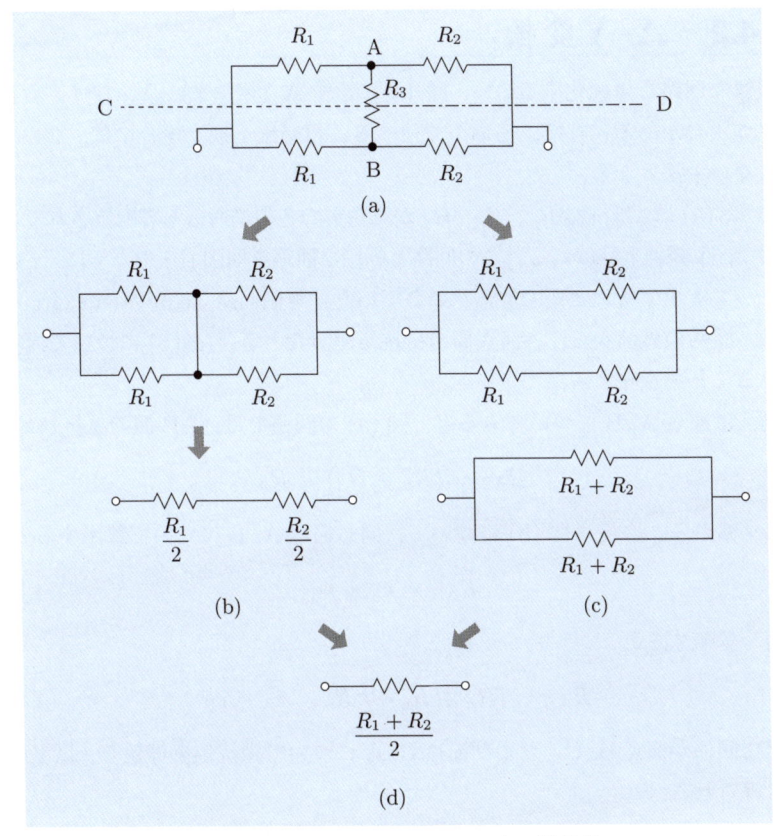

図 4.2　対称軸 C–D による回路の単純化

合成抵抗値が得られる．

　これとは別に，点 AB が同電位であることを利用すると，同図 (b) に示すように，AB 間を短絡しても短絡線には電流は流れず，回路の状態を変化させることはない．AB が短絡された回路について変形を進めると，やはり同図 (d) に到達することができる．

　これらの方法は，回路構成の上では対称性が損なわれていても適用できる場合がある．すなわち回路内に同電位の点 2 点が見つかった場合には，これら 2 点間に接続されている抵抗は除去するか，短絡するかによって，回路全体を解析しやすい形に整えることが可能である．

4.2　Δ–Y 変換

複雑な回路を単純化するのに，図 4.3 に示す Δ（デルタ）–Y（ワイ）変換が役立つ場合がある．特に，補章 1 で述べる三相交流を扱う場合には，なくてはならない手法となる．

図 4.3 (a) は，抵抗器 R_α, R_β, R_γ が三角形の各辺に対応して配置されているもので，Δ 結線と呼ばれる．この回路と等価な回路を同図 (b) のように，Y 結線によって実現することができる．ここでいう「等価回路（equivalent circuit）」とは，回路の外部から，各節点間の抵抗を測ったとき，(a)(b) について同じ値になることを意味する．

例えば節点 A, B についてみると，図 (a) の回路では，AB 間の抵抗値は

$$R_{AB} = (R_\alpha + R_\beta) \mathbin{/\mkern-5mu/} R_\gamma \tag{4.2}$$

で与えられる．今度は図 (b) について，同じ節点 A, B について算出すると，

$$R_{AB} = r_A + r_B \tag{4.3}$$

両者を等値すると，

$$R_{AB} = (R_\alpha + R_\beta) \mathbin{/\mkern-5mu/} R_\gamma = r_A + r_B \tag{4.4}$$

同様な関係が節点 B, C，および節点 C, A について抵抗値を等値し，以下のように得られる．

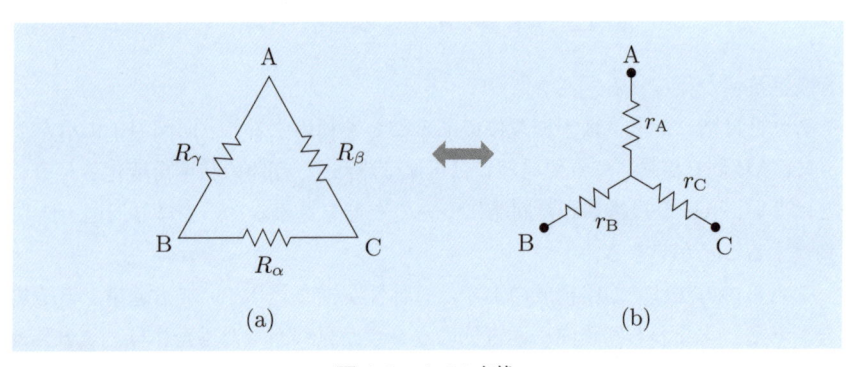

図 4.3　Δ–Y 変換

4.2 Δ–Y 変換

$$R_{BC} = (R_\beta + R_\gamma) \mathbin{/\mkern-5mu/} R_\alpha = r_B + r_C \tag{4.5}$$

$$R_{CA} = (R_\gamma + R_\alpha) \mathbin{/\mkern-5mu/} R_\beta = r_C + r_A \tag{4.6}$$

以上の 3 本の式を連立させると，以下の関係が得られる．

$$r_A = \frac{R_\gamma R_\beta}{R_\alpha + R_\beta + R_\gamma} \tag{4.7}$$

$$r_B = \frac{R_\gamma R_\alpha}{R_\alpha + R_\beta + R_\gamma} \tag{4.8}$$

$$r_C = \frac{R_\alpha R_\beta}{R_\alpha + R_\beta + R_\gamma} \tag{4.9}$$

特殊な場合として，図 (a) 各辺の抵抗値が等しく，R とすると，

$$r = \frac{R}{3} \tag{4.10}$$

なる関係にある抵抗 r を同図 (b) のように Y 接続した回路と等価になる．逆に，抵抗 r を同図 (b) のように Y 接続した回路と等価な Δ 回路を得ようとする場合には，

$$R' = 3r \tag{4.11}$$

の抵抗を Δ 接続すればよい．

3 つの抵抗の値が異なる場合には，式 (4.4)～(4.6) を R_α～R_γ について解くと，次の変換式が得られる．

$$R_\alpha = \frac{r_A r_B + r_B r_C + r_C r_A}{r_A} \tag{4.12}$$

$$R_\beta = \frac{r_A r_B + r_B r_C + r_C r_A}{r_B} \tag{4.13}$$

$$R_\gamma = \frac{r_A r_B + r_B r_C + r_C r_A}{r_C} \tag{4.14}$$

4.3 無限回路の扱い

複雑な回路の等価抵抗を求めるには，基本的には回路を直列接続と並列接続された抵抗群に還元していくことになるが，何らかの物理現象を多数の抵抗で表現する場合など，回路に含まれる抵抗数が加算無限個に及ぶ場合も想定される．本節では，このような抵抗回路の扱いについて述べる．

(a) 抵抗の 1 次元配列

次の例題，図 4.4 のように，抵抗が梯子のように配列された回路は「梯子形回路（ladder-type circuit）」と呼ばれる．このような回路を解析するときには，「無限段の接続から 1 段分の回路を外しても，やはり無限段である」という一見，禅問答のようなルールを用いる．

■ 例題 4.1

図 4.4(a) のように，抵抗値 R_1 および R_2 が，梯子状に無限段接続されている回路を左端から見た抵抗値 R_T を求めよ．

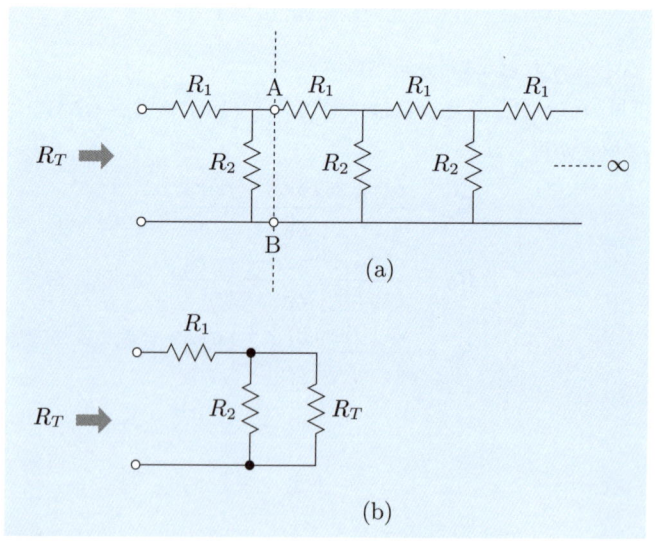

図 4.4 抵抗の無限段接続

【解答】 図の点線部で回路を切り離し，端子 A, B から右側の回路の合成抵抗を考える．この合成抵抗も，無限段から 1 段外しただけなので，1 段取り外す前の合成抵抗 R_T と一致するはずである．従って，同図 (b) の等価回路が得られる．この回路について，直・並列の抵抗計算を行うと，以下の関係式が得られる．

$$R_T = R_1 + R_2 \mathbin{/\mkern-5mu/} R_T = R_1 + \frac{R_2 R_T}{R_T + R_2} \qquad (4.15)$$

この式を未知数 R_T について整理すると，次の 2 次方程式が得られる．

$$R_T^2 - R_1 R_T - R_1 R_2 = 0 \qquad (4.16)$$

根の公式を適用すると，正負 2 根が得られるが，$R_T > 0$ という物理的制約から負の無縁根を排除すると，以下の解が得られる．

$$R_T = \frac{R_1 + \sqrt{R_1^2 + 4 R_1 R_2}}{2} \qquad (4.17)$$

(b) 抵抗の多次元配列

　面上に分布する抵抗膜や，半導体膜の特性を解析する際，これらを無限に広がる抵抗のメッシュで近似することが有効な場合がある．本節では，このように抵抗素子の 2 次元回路網の隣接 2 点間の抵抗値を求める問題を考察する．

　図 4.5 は 1Ω の抵抗素子が，無限の格子状に接続されている様子を示している．このメッシュの無限遠方は，全て大地に接続されているものと仮定している．このとき，隣接する 2 節点 A, B の間の抵抗値を求める．

　この問題を解析するにあたり，問題を以下 ①② 2 つの事象に分けて考察する．
① まず，A 点のみに電流源を接続し，1 A の電流を流し込むことを考える．電流源の他端は大地に接続する．このとき，A 点から流入した電流は，回路の対称性より，上下左右，均等に流れ出す．従って，AB 間の抵抗には，A から B に向かって $\frac{1}{4}$ A の電流が流れる．

② A 点の電流源は取り外し，今度は B 点にのみ電流源を接続し，1 A の電流を外部に取り出す．このとき，電流源の他端は大地に接続する．回路の対称性より，等しい電流が B 点に接続される 4 本の抵抗を通して集まってくる．つまり，節点 A, B を結ぶ抵抗には，今度も A 点側から B 点に向かって，$\frac{1}{4}$ A の電流が流れる．

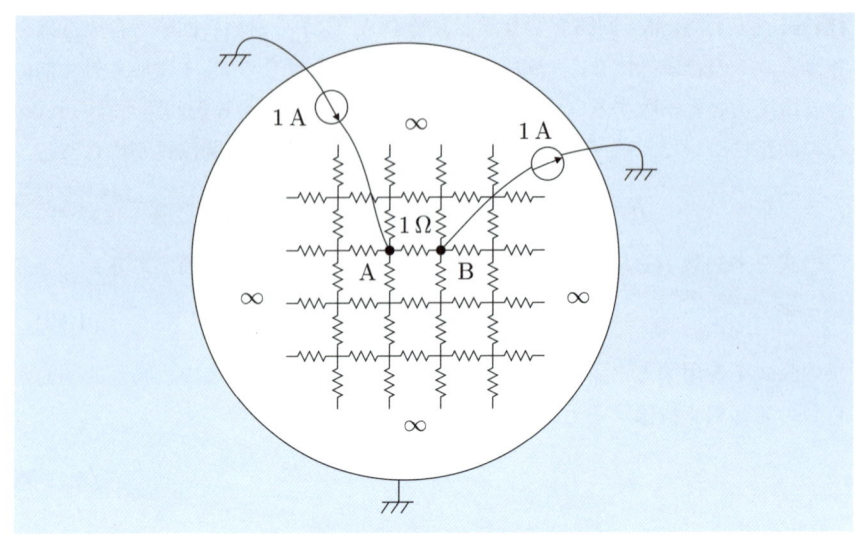

図 4.5 抵抗の 2 次元無限接続

以上，①②の事象を重畳すると，重畳の定理により，節点 A, B 間に 1 A の電流源を接続したものと等価になる．このとき，節点 A, B 間には，$\frac{1}{4}+\frac{1}{4}=0.5$ A の電流が流れることになる．A, B 間をつなぐ 1 Ω の抵抗には，この 0.5 A の電流が物理的に流れるため，この抵抗を流れる電流に伴い，オームの法則に従って，この抵抗の両端 A, B 間には，$E=IR=0.5\,\text{A}\times 1\,\Omega=0.5\,\text{V}$ の電圧が発生する．このとき，点 A, B を結ぶ全ての経路が合算された結果としての AB 間抵抗値を R_t とすると，1 A の電流源を接続した結果 0.5 V の電位差が発生したという事実から，再度，オームの法則を適用して，以下の関係を得る．

$$E = I \cdot R_t = 0.5\,\text{V} \tag{4.18}$$

以上より，$R_t = \dfrac{0.5}{1} = 0.5\,\Omega$ という結果を得る．この手法は，メッシュの構造が正方格子以外の，例えば三角メッシュであったり，あるいは格子自体が 3 次元格子の場合にも拡張することができ，流し込んだ電流の配分比率によって，結果の抵抗値は影響を受けることになる．

4.4 補償の理

複雑な信号処理回路や，巨大な送電網の一部に不具合が生じた場合，その影響が回路全体に及ぼす影響を評価することは，突発的な事故の復旧や，事前予測の観点からも重要である．回路の構成要素の全てのデータが入手できる場合には，計算をはじめからやり直すことも可能であろうが，時々刻々変遷する巨大回路にあって，個々の回路要素の変遷記録が入手できない場合も想定される．

このような場合に，1つの回路要素の変化が，全体のシステムに与える影響を見積もるのに，以下の**補償の理**（compensation theorem）が有効である．

補償の理

線形回路内の抵抗値 R_0 のある素子を流れる電流が I_0 であったとき，この素子の抵抗値のみが $R_0 + \Delta R$ に変化したとき，この回路の各部に生じる電流変化量は，この素子と直列に起電力 $I_0 \Delta R$ の電圧源を I_0 方向とは逆向きに挿入し，ほかの電源を全て除去したときに流れる電流に等しい（図4.6参照）．

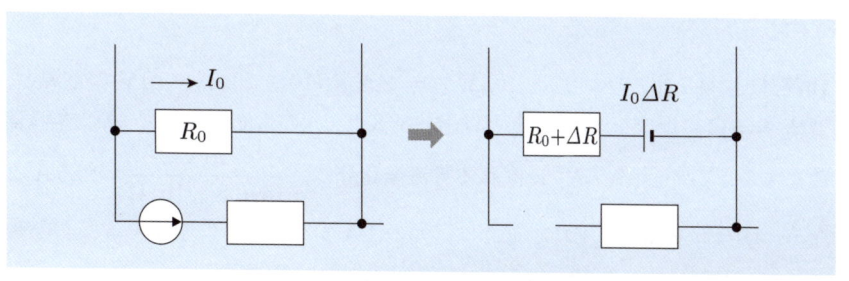

図 4.6 保償の理における電圧源の挿入

上記の定理は，前章のテブナンの定理と同様に重畳の理を用いて証明できるが，下記例題の具体的なケースについて，適用してみよう．

■ 例題 4.2

図 4.7 (a) の回路で，抵抗 R_2 の抵抗値が $5\,\Omega$ のとき，R_1 には $1\,\mathrm{A}$ の電流が流れていたとする．この抵抗 R_2 の抵抗値が，突然 $10\,\Omega$ に上昇した場合，抵抗 R_1 を流れる電流の変化分を求めよ．

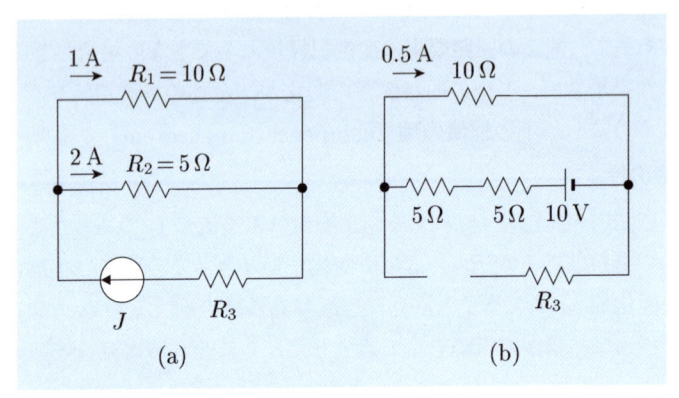

図 4.7 補償の理の適用例 (a) 変化前の回路 (b) 抵抗変化 ΔR_2 によってもたらされるほかの部分の電流変化分

【解答】 図 4.7 (b) のように，$I_0 \Delta R_2 = 2\,\mathrm{A} \times (10-5)\,\Omega = 10\,\mathrm{V}$ の電源と，$\Delta R_2 = 5\,\Omega$ の抵抗を I_0 の向きとは逆に挿入し，元の電流源を除去（除去後は開放）する．この回路の R_1 に流れる電流変化分は，$\dfrac{10\,\mathrm{V}}{(5+5+10)\,\Omega} = 0.5\,\mathrm{A}$ となる．すなわち R_1 に流れる電流は，元の $1\,\mathrm{A}$ から $1.5\,\mathrm{A}$ に増加する．

4 章 の 問 題

☐ **1** 下図の A–B 間の抵抗値を求めよ．

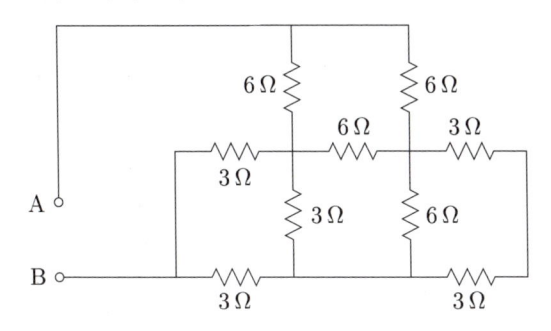

☐ **2** いま，十分に離れた2つの場所に，アース棒 A, B が埋設されている．これらの接地抵抗を求めるために第3のアース棒 C を両者から十分離れた場所に埋設し，各々の間の抵抗値を測定したところ，A–B 間：60 Ω，B–C 間：120 Ω，A–C 間：100 Ω の測定値が得られた．
(a) 各アース棒の接地抵抗を求めよ．
(b) 上記等価回路を Δ 接続で表現せよ．

☐ **3** 下図のように各辺ともコンダクタンス G(S) の抵抗素子からなる立方格子が3次元的に無限に接続されているとき，隣り合う格子点 AB 間の合成抵抗の値を求めよ．

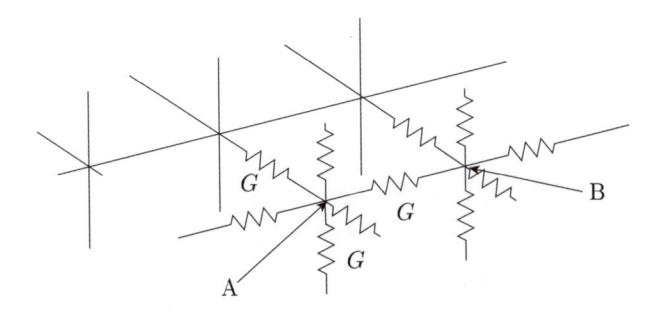

第5章

交流と位相

　前章までは，回路に含まれる電源は，電圧源，電流源ともに，直流に限定して論じてきた．しかしながら，電気を情報伝達の担い手として考えるときには，電気回路の交流に対する特性を記述することが必須になる．また，エネルギの輸送媒体として電気を捉えた場合にも，電圧を自由に変えることのできる交流の果たす役割は大きい．

　本章では，交流についての基本的な特徴と，交流電圧がキャパシタやコイルに加わったときの物理的な効果について述べる．

> 5.1　ピーク値と実効値
> 5.2　キャパシタのはたらき
> 5.3　インダクタンスのはたらき

第 5 章 交流と位相

5.1 ピーク値と実効値

本節では,交流電圧や交流電流を表す基本的なパラメータの定義とともに,交流電圧・交流電流のピーク値と実効値の関係についても述べる.

図 5.1 は交流電圧の時間的変化を示している.このような交流電圧は,式 (5.1) によって記述される.

$$V(t) = V_p \sin(\omega t + \theta) \tag{5.1}$$

ここで,V_p は,振幅もしくはピーク値を,ω は角周波数を表し,周波数を f としたとき,$\omega = 2\pi f$ の関係にあり,周期 T との間には $T = \dfrac{1}{f}$ の関係が成り立つことはいうまでもない.θ は初期位相と呼ばれ,$t=0$ としたときに,正弦波の波形変化がどれだけ先行しているかをラジアン表示で表したもので,図 5.1 のように,波形変化が t_1 秒だけ先行している場合には,この初期位相 θ は以下のように求められる.

$$\theta = 2\pi \frac{t_1}{T} \tag{5.2}$$

交流の電圧は,信号の時間的変化を重視する場合には,式 (5.1) で用いたように,ピーク値が用いられるが,電気をエネルギ輸送媒体として捉えた場合には,「電圧実効値 (effective voltage)」が用いられる場合が多い.例えば,我々の家

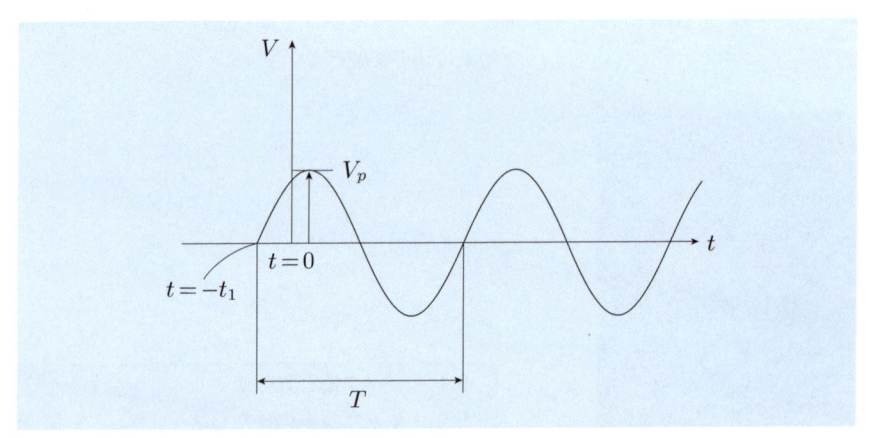

図 5.1 交流電圧の時間的変化

5.1 ピーク値と実効値

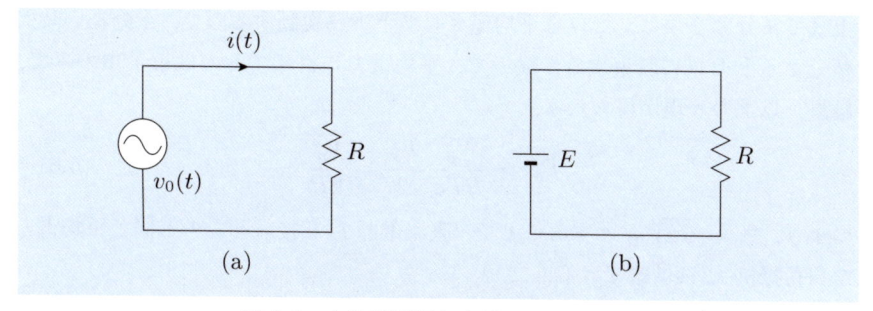

図 5.2 交流電圧源と直流電圧源の対応

庭で利用される 100 V の商用電源は,実効値が 100 V である.

この実効値は,図 5.2 のように,同じ負荷抵抗 R に,(a) の交流電源と,(b) のように直流電源を接続したときに,抵抗での平均的な発熱量が両者等しいとき,交流電源の電圧実効値 V_{eff} は E であるとされる.

では,もともとの交流電源のピーク電圧 V_p と,電圧実効値 V_{eff} の間にはどのような関係が成り立つであろうか.

この関係を求めるのには,まず,図 5.2(a) の回路について,抵抗 R で消費される瞬時電力を記述する必要がある.瞬時電力は,瞬時電圧と瞬時電流の積で与えられる.すなわち,

$$p(t) = v(t)i(t) = \frac{\{v(t)\}^2}{R} \tag{5.3}$$

上式に式 (5.1) の電圧を代入すると,以下の関係を得る.

$$p(t) = \frac{V_p^2}{R}\sin^2(\omega t + \theta) \tag{5.4}$$

負荷抵抗で消費される平均電力を求めるために,上式を十分長い時間 T_∞ にわたって積分し,T_∞ で割る.

$$\begin{aligned} P_{\text{av}} &= \frac{1}{T_\infty}\int_0^{T_\infty} p(t)dt \\ &= \frac{V_p^2}{RT_\infty}\int_0^{T_\infty} \sin^2(\omega t + \theta)dt \\ &= \frac{V_p^2}{RT_\infty}\int_0^{T_\infty} \frac{1 - \cos(\omega t + \theta)}{2}dt \end{aligned} \tag{5.5}$$

上式で積分第 2 項は，ゼロを平均値として上下に変動するので，十分長い時間積分するとゼロに収束する．従って，平均電力に寄与するのは第 1 項のみで，結果，以下の表現が得られる．

$$P_{\mathrm{av}} = \frac{V_p^2}{RT_\infty}\frac{T_\infty}{2} = \frac{V_p^2}{2R} \tag{5.6}$$

つまり，$V_p = \sqrt{2}V_{\mathrm{eff}}$ とすることで，直流電源 E を接続したのと同じ平均電力を負荷抵抗 R に供給できる．

実効値 100 V の家庭用商用電源のピーク電圧は，ほぼ 141.4 V ということになる．

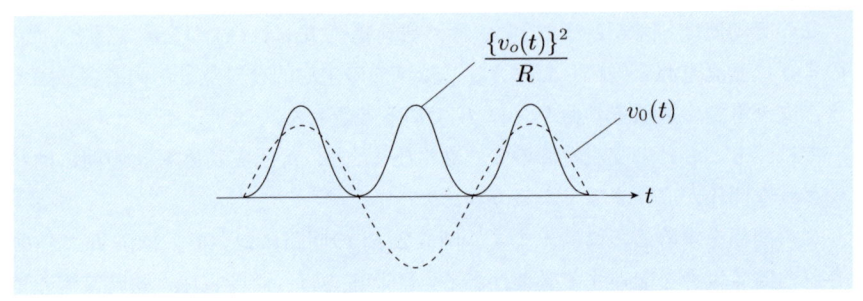

図 5.3 交流の瞬時電力（点線は電圧変化を示す）

5.2 キャパシタのはたらき

キャパシタ（capacitor；コンデンサとも呼ぶ）は，直流に対しては電荷を蓄積する効果を表すが，本節では，キャパシタが交流電圧・電流に対してどのような効果を持つかについて考察する．

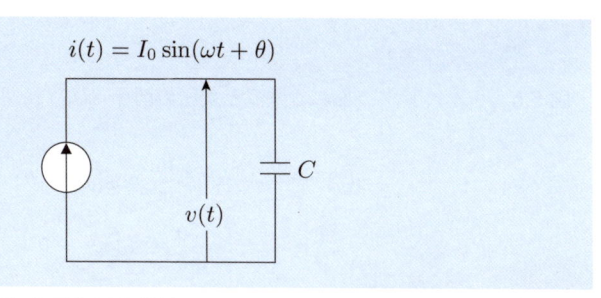

図 5.4 交流定電流源を接続したキャパシタの端子電圧

図 5.4 は，交流の定電流源を，静電容量 C（F；ファラッド）のキャパシタに接続した状態を示す．交流電源の場合も，直流の場合と同様，いかなる負荷に対しても，定められた電流を流すことのできる仮想的な電流源を定電流源と定義する．この電流源の発生する電流を以下のように仮定する．

$$i(t) = I_0 \sin(\omega t + \theta) \tag{5.7}$$

このような電源を接続されたキャパシタには，その電流の強度に従い，以下のように蓄積電荷が時間とともに変化する．

$$q(t) = \int i(t) dt \tag{5.8}$$

式 (5.7) で表される電流源については以下のように，電荷が変化する．

$$q(t) = I_0 \int \sin(\omega t + \theta) dt = -\frac{1}{\omega} I_0 \cos(\omega t + \theta) \tag{5.9}$$

静電容量 C のキャパシタの蓄積電荷 Q と端子電圧 V の間には，$Q = CV$ なる関係があるので，式 (5.9) で蓄積電荷が変化するときの端子電圧は以下のように変化する．

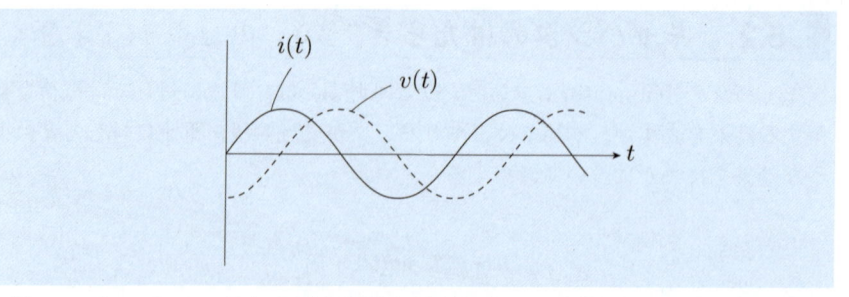

図 5.5 キャパシタに加わる電流と電圧の関係（図は初期位相 $\theta = 0$ として描写）

$$v(t) = \frac{q(t)}{C} = -\frac{I_0}{\omega C}\cos(\omega t + \theta)$$
$$= \frac{I_0}{\omega C}\sin\left(\omega t + \theta - \frac{\pi}{2}\right) \qquad (5.10)$$

すなわち，キャパシタの両端に発生する電圧は，図 5.5 の点線で表されるように，電流よりも 90 度位相が遅れる（時間が遅れて，サイン波が観測される）．

このことは，キャパシタに交流電圧源

$$v(t) = V_0 \sin(\omega t + \theta) \qquad (5.11)$$

を接続した場合には，次式のように反対に 90 度位相の進んだ電流が流れることを意味する．

$$i(t) = \omega C V_0 \sin\left(\omega t + \theta + \frac{\pi}{2}\right) \qquad (5.12)$$

5.3 インダクタンスのはたらき

交流の電流に対して，キャパシタとは全く異なる作用を及ぼすのが，インダクタンスである．

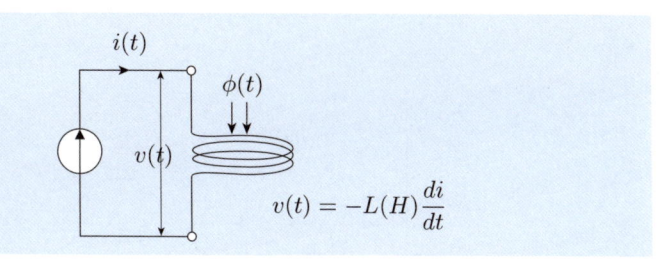

図 5.6 インダクタンスによる逆起電力の発生

インダクタンスは，図 5.6 のように導線をコイル状に巻いた構成となっているが，このコイルに電流 $i(t)$ を流すと，コイルの軸方向に，磁束 $\phi(t)$ が生成される．この磁束が時間的に変化すると，ファラデーの電磁誘導の法則（Faraday's law of electromagnetic induction）に従って，このコイルの両端には，起電力が発生する．また，この電圧の向きは，電流の変化を妨げる方向となる．電流変化に伴ってコイルの両端に発生する逆起電力は，式 (5.13) で表される（この起電力の向きについては，レンツの法則（Lenz's law）と呼ばれる）．

$$v(t) = L\frac{di}{dt} \tag{5.13}$$

ここで，比例定数 L は自己インダクタンスと呼ばれ，単位は H（ヘンリー）を用いる．なお，電流が電位のプラス側からマイナス側へ流れる方向を正方向と定めるように定義した場合には，式 (5.13) の右辺にマイナスを付けて表現する場合もある．

ここで，電流源の電流波形として，前節の式 (5.7) の正弦波電流を仮定してみよう．この電流を式 (5.13) に代入すると，逆起電力は次式で表される．

$$\begin{aligned} v(t) &= L\frac{d\{I_0 \sin(\omega t + \theta)\}}{dt} \\ &= \omega L I_0 \cos(\omega t + \theta) \end{aligned} \tag{5.14}$$

三角関数の性質を使い，正弦波表現に書き直すと次のようになる．

$$v(t) = \omega L I_0 \sin\left(\omega t + \theta + \frac{\pi}{2}\right) \tag{5.14'}$$

これは，図 5.7 に示すように，逆起電力の電圧は，電流よりも位相が 90 度進むことを意味する．

逆に，電圧を基準にすれば，流れる電流の位相は 90 度位相が遅れることになる．

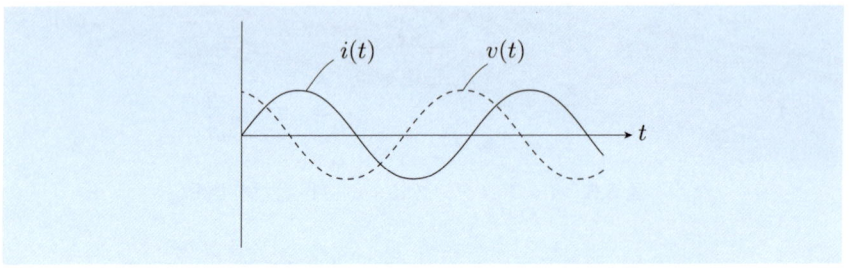

図 5.7　インダクタンスに流れる電流と，逆起電力の位相関係

インダクタンスとエネルギ

　ファラデーの電磁誘導の法則は，いったん磁気エネルギを発生するために流れた電流を，急激に遮断しようとすると，行き場を失った磁気エネルギが逆起電力としてコイルに現れることを表している．モータやトランスなど，多くの磁気エネルギを蓄える機器への電流を急激に遮断しようとすると，電流の継続を求めるかのように遮断部でアークが飛び，スイッチなどの接点を損傷する原因となる厄介者である．しかし，この厄介なエネルギを，有効利用しているのが，自動車エンジンのイグニッションコイルで，バッテリに接続されたコイルへ電流を急激に遮断することで発生する磁気エネルギを，同じ鉄心の上に巻いた別のコイルで取り出し，エンジンの点火プラグへ導き，火花を飛ばす機構となっている．

5 章 の 問 題

☐ **1** 関東の工場の機器で使用されていたキャパシタを，関西地区に移設することになった．関東での使用時には，実効値 200 V の商用交流を加えた時に 1 A(rms) の電流が流れていた．このキャパシタを関西地区の商用 200 V の交流電源に接続したときに流れる電流のピーク値を求めよ．なお，商用交流電源の周波数は，東日本では 50 Hz, 富士川以西，関西，西日本地域では 60 Hz となっている．rms は実効値を表す．

☐ **2** あるコイルに周波数 1 kHz, 電流実効値 10 mA の交流定電流源を接続したところ，オシロスコープで測定したコイルの端子電圧が 20 mV$_{pp}$ となった．コイルの直流抵抗が無視できるとき，このコイルの自己インダクタンスを求めよ．なお，V$_{pp}$ (peak to peak) は正負のピーク間の電位差を表し，平均値がゼロの場合，振幅の 2 倍となる．

第6章

交流のフェーザ表現

　前章では，交流電圧や交流電流を時間 t の関数として忠実に表現し，キャパシタやインダクタンスなどの回路要素との係わり合いを考察してきた．しかしながら，これらの係わり合いを表すのに，いつも積分記号や微分記号を使う方法は，複雑な回路を解析する際には，得策とはいえない．

　本章では，積分や微分の操作を記号的に扱う準備として，sin 関数や cos 関数で表現された交流電圧・電流を，複素数として表現するフェーザの概念について述べる．

6.1　オイラーの公式
6.2　回転フェーザ
6.3　静止フェーザ

6.1 オイラーの公式

sin 関数や cos 関数で表現された交流電圧・電流を複素数に対応付けて扱う数学的な根拠を与えるのが，オイラーの公式（Euler's Formula）であるが，その前に，電気回路では，虚数単位として，$j^2 = -1$ となる j を用いることとする（数学ではもっぱら i が虚数単位として用いられるが，電気回路では，慣用的に i が電流を表す記号として用いられてきたため，電流との混同を避けるために j を複素単位として用いる）．

上記の虚数単位 j を用いて，オイラーの公式は次のように表現される．

$$e^{j\theta} = \cos\theta + j\sin\theta \tag{6.1}$$

18 世紀の数学者オイラー（Euler）の名にちなむこの公式は，実数と虚数の世界を結ぶ深遠な意味を持つが，形のうえでは，以下のように両辺をテイラー展開することで証明される．

左辺は，

$$e^{j\theta} = 1 + j\frac{\theta}{1!} - \frac{\theta^2}{2!} - j\frac{\theta^3}{3!} + \frac{\theta^4}{4!} + j\frac{\theta^5}{5!} \cdots \tag{6.2}$$

これに対して，右辺はそれぞれ以下のように展開される．

$$\cos\theta = 1 - \frac{\theta^2}{2!} + \frac{\theta^4}{4!} - \frac{\theta^6}{6!} + \cdots \tag{6.3}$$

$$\sin\theta = \frac{\theta}{1!} - \frac{\theta^3}{3!} + \frac{\theta^5}{5!} - \frac{\theta^7}{7!} \cdots \tag{6.4}$$

式 (6.3) に式 (6.4) を j 倍して加えることで，式 (6.1) を確認することができる．

6.2 回転フェーザ

本節では，オイラーの公式をよりどころとして，実関数である sin 関数や cos 関数を複素空間に写像し，複素量として表現する方法：**フェーザ表現**（phasor representation）について説明する．

電圧や，電流を記号で表現する際に必要な性質は，次の (1)～(3) である．

(1) 表記の一意性と復元可能性：物理量としての電圧や電流と，各記号との間には，1：1 の写像関係が保持されていて，必要な際には，いつでも記号から物理量が復元可能であること．
(2) 線形加算性：物理量としての電圧や電流の線形和は，記号表現した世界で線形加算し，物理量に復元したものと一致すること．
(3) 積分・微分演算の簡素化：キャパシタンスや，インダクタンスが電圧や電流に及ぼす積分・微分の演算が，記号表現することで簡素化されること．

オイラーの公式をもとに以上の性質を満たす変換を行うのには，以下 2 通りの方法が考えられる．

① 式 (6.1) の左辺の複素量 $e^{j\theta}$ を，同式右辺第 1 項の $\cos\theta$ と対応付ける．
② 式 (6.1) の左辺の複素量 $e^{j\theta}$ を，同式右辺第 2 項の $\sin\theta$ と対応付ける．

米国では，① の定義を用いる場合が多いが，わが国では，もっぱら ② の定義が用いられている．本書でも，以下の記述では ② の定義に従うこととする．

いま，交流電圧が，式 (6.5) で表されるとき，これに対応する複素量を，式 (6.6) で表す．この複素量を**回転フェーザ**と呼ぶ．

$$v(t) = \sqrt{2}V_{\text{eff}}\sin(\omega t + \theta) \tag{6.5}$$

$$\boldsymbol{V} = V_{\text{eff}}e^{j(\omega t + \phi)} \tag{6.6}$$

ただし，フェーザの大きさは前章で定義した実効電圧 V_{eff} を用い，ω は角周波数を，ϕ は初期位相を表すものとする．

式 (6.6) で表される回転フェーザは，複素空間内のベクトルとして表示できることから，通常，ベクトルであることを示す太字表記，もしくは文字の上に→を付けて，スカラ量と区別して表記される．

式 (6.5) および (6.6)，ともに時刻 t の関数であり，この関係を図示すると，図 6.1 に示すように，物理量としての電圧が時々刻々正弦的に変化するのに対

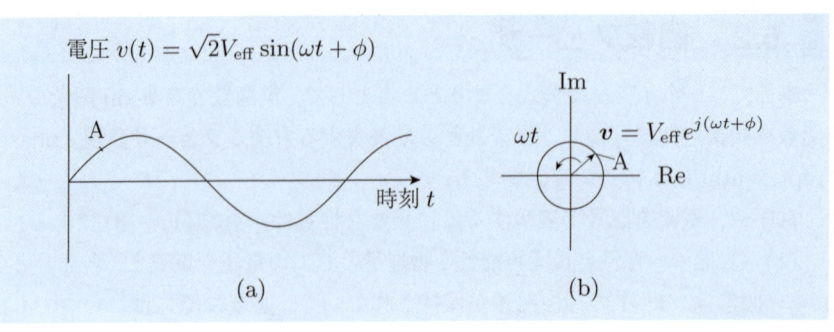

図 6.1 交流の電圧変化と，回転フェーザの対応（図は，初期位相 $\phi = 0$ の場合を表す）

応して，回転フェーザのベクトルは複素空間上を角速度 ω で反時計方向に回転する．

式 (6.1) から明らかなように，②の定義に従う場合，回転フェーザ $\boldsymbol{V}$ からもとの物理量 $v(t)$ を復元するためには，以下の操作を行えばよい．

$$v(t) = \sqrt{2}\,\mathrm{Im}(\boldsymbol{V}) \tag{6.7}$$

以上のように，回転フェーザは，電圧あるいは電流の振幅，角周波数，初期位相の全ての情報を持っているため，必要に応じて物理量としての電圧波形あるいは電流波形を忠実に復元することができる．しかしながら，フェーザはあくまでも表記上の手段に過ぎず，電線の中を流れる電流や，機器に加わる電圧自体が複素量ではないので，物理的な効果を論じる際，最終的には式 (6.7) で物理量に変換して評価する必要がある．

> ■ **例題 6.1**
>
> 回転フェーザが $\boldsymbol{I} = j\exp(2\pi f t)$ で表される電流の時間波形を求めよ．

【解答】 $j\exp(2\pi f t) = \exp\left(\dfrac{\pi}{2}\right)\exp(2\pi f t) = \exp\left(2\pi f t + \dfrac{\pi}{2}\right)$

$$\begin{aligned}
I(t) = \sqrt{2}\,\mathrm{Im}(\boldsymbol{I}) &= \sqrt{2}\,\mathrm{Im}\left\{\exp\left(2\pi f t + \frac{\pi}{2}\right)\right\} \\
&= \sqrt{2}\sin\left(2\pi f t + \frac{\pi}{2}\right) \\
&= \sqrt{2}\cos(2\pi f t)
\end{aligned}$$

6.3 静止フェーザ

前節で導入した回転フェーザは時間関数としての正弦波交流を復元するのに，十分な情報，すなわち，振幅，角周波数，初期位相の全てのパラメータを含んだ記述となっている．

しかしながら，交流回路で扱う電源の周波数は，その回路の中で1つに決められているのが一般的であり，例えば，50 Hz 系の送電回路の中に 60 Hz の発電機が含まれることはない．そこで，扱う周波数は一定であるという仮定のもとに，毎回現れる周波数（角周波数）パラメータを計算の課程では省略することで，表現を一層簡略化することを考える．

まず，式 (6.6) を以下のように分解して表現してみる．

$$\boldsymbol{V} = V_{\text{eff}} e^{j(\omega t + \phi)} = V_{\text{eff}} e^{j\omega t} e^{j\phi} \tag{6.8}$$

上式で，毎回出てくる $e^{j\omega t}$ を省き，初期位相項 $e^{j\phi}$ を残し改めて以下のように定義した複素量を**静止フェーザ**，あるいは単にフェーザ（Phasor）と呼ぶ．

$$\boldsymbol{V} = V_{\text{eff}} e^{j\phi} \tag{6.9}$$

つまり，正弦波交流とフェーザとの対応関係は次のようになる．

$$v(t) = \sqrt{2} V_{\text{eff}} \sin(\omega t + \phi) \Leftrightarrow \underset{\text{（静止フェーザ）}}{V_{\text{eff}} e^{j\phi}}$$
（時間関数）

従って，このように静止フェーザ表現された電圧あるいは電流を，時間関数の表現に戻すためには，まず時間関数 $e^{j\omega t}$ を掛け，そのあとに式 (6.7) を適用することになる．2段階のこの操作を総合すると，フェーザからの時間波形の復元は次式に集約される．

$$v(t) = \sqrt{2} \,\text{Im}(\boldsymbol{V} e^{j\omega t}) \tag{6.10}$$

図 6.2 に交流の電圧変化と静止フェーザの関係を改めて図示する．

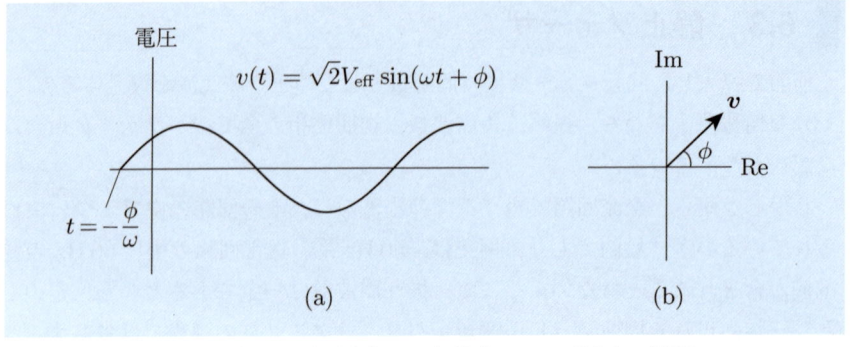

図 6.2 交流の電圧変化 (a) と静止フェーザ (b) の関係
（初期位相 $\phi = 45°$ の場合を表す）

フェーザの由来

　交流の正弦波を，複素数に対応付け，微分・積分の演算を記号演算に置き換えるという基本的なアイディアは，英国ロンドン生まれの通信技術者ヘビサイド（Oliver Heaviside　1850—1925）によるところが大きい．当時，大西洋横断の電信ケーブルを敷設する際に，電信波形の歪を如何にして低減させるかというニーズから生まれた技術である．

6 章 の 問 題

☐ **1** 次式で表される交流電圧に対応する静止フェーザを求めよ．なお，結果はなるべく簡単化し，極形式で表せ．
(a) $v_1 = 100\sqrt{2}\sin\left(100\pi t + \dfrac{\pi}{5}\right)$
(b) $v_2 = 2\cos\left(2t + \dfrac{\pi}{6}\right) + \sin 2t$

☐ **2** 次のように表される交流に対応する複素表示（静止フェーザ）を求めよ．結果はなるべく簡単化して，極形式で示せ．
(a) 周波数 50 Hz，初期位相 135 度，電圧実効値 200 V の交流電流
(b) $2\sin\left(\omega t + \dfrac{\pi}{3}\right) - \sin\omega t - \sqrt{3}\cos\omega t$

☐ **3** 下図 (a) のように，未知のインダクタンス L に，周波数 1 kHz の交流定電流原（電流値未知）と，5 Ω の純抵抗を直列に接続し，アース点に対する A 点および，B 点の電圧を測定し，各々の静止フェーザを複素面上に表示したところ，同図 (b) のようになった．このとき，未知のインダクタンス L の値を求めよ．

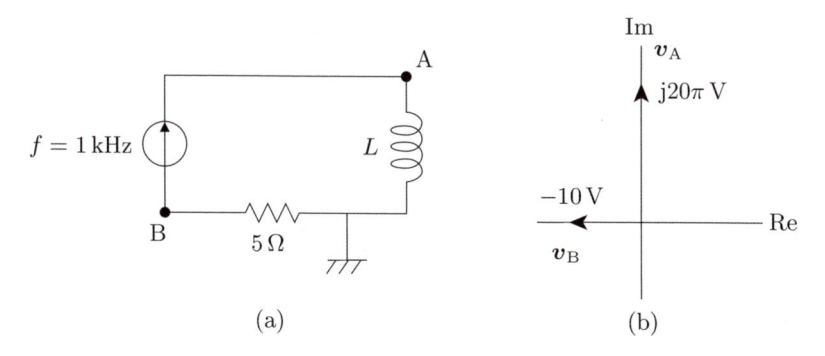

第7章

インピーダンスと
アドミタンス

　本書の第4章までは，直流電源を想定した回路の解析方法について述べてきたが，直流で扱ってきた理論を，交流電源を持つ回路にも適用するにあたっては，「抵抗」の概念を，交流回路に拡張した「インピーダンス（impedance）」の概念の導入が必要である．

　本章では，前章で扱ってきた電圧・電流のフェーザ表現をもとに，インピーダンスの概念と，その利用方法について述べる

7.1 「抵抗」の拡張としてのインピーダンス
7.2 合成インピーダンス
7.3 CR フィルタの動作
7.4 複素電力
7.5 供給電力最大の条件

7.1 「抵抗」の拡張としてのインピーダンス

(a) 抵抗負荷について

まず，ここでは，図 7.1 (a) のように，実効電流 I_{eff} A，初期位相 ϕ の交流電流源に抵抗 $R\,\Omega$ が接続されている回路を考えよう．この回路に流れる電流のフェーザ $\boldsymbol{I}$ は以下のように表現する．

$$\boldsymbol{I} = I_{\text{eff}} e^{j\phi} \tag{7.1}$$

この電流が抵抗 R を流れた場合，抵抗の端子電圧はオームの法則を表す式 (2.1) が，時々刻々変わる瞬時電流に対してもそのまま成り立つことから，電圧 $V(t)$ は次式のように，電流と単純な比例関係になる．

$$V_R(t) = I(t)R \tag{7.2}$$

上式の電流を，改めてフェーザ $\boldsymbol{I} = I_{\text{eff}} e^{j\phi}$ を用いて記述すると，次式が得られる．

$$V_R(t) = R\sqrt{2}\,\text{Im}(\boldsymbol{I} e^{j\omega}) = R\sqrt{2}\,I_{\text{eff}} \sin(\omega t + \phi) \tag{7.3}$$

さらに，上式で表される電圧をフェーザ表記すると，

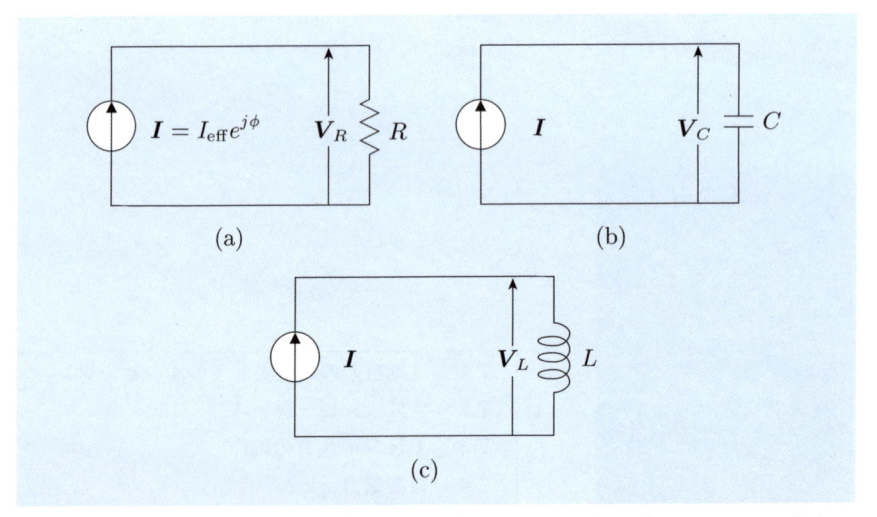

図 7.1 交流電流源の (a) 抵抗 (b) キャパシタンス (c) インダクタンスへの接続

7.1 「抵抗」の拡張としてのインピーダンス

$$\bm{V} = RI_{\text{eff}}e^{j\phi} = R\bm{I} \tag{7.4}$$

となり，抵抗 R は，フェーザの世界での電流と電圧を関係付ける演算子（この場合は単に比例演算）と考えることができる．

(b) キャパシタンスの電流と電圧の関係

次に，図 7.1 (b) のように，交流電流源に，キャパシタ C が接続された場合を考察してみよう．この回路の電流と電圧の関係は，第 5 章の式 (5.9) で示したように，積分の操作が，正弦波の位相の遅れとして表現される．

$$\begin{aligned} V_c(t) &= \int \frac{i(t)}{C} dt = -\frac{I_0}{\omega C}\cos(\omega t + \phi) \\ &= \frac{I_0}{\omega C}\sin\left(\omega t + \phi - \frac{\pi}{2}\right) \end{aligned} \tag{7.5}$$

上式についても，抵抗の場合と同様に，フェーザ $\bm{I} = I_{\text{eff}}e^{j\phi}$ を用いて記述すると，振幅が $I_0 = \sqrt{2}I_{\text{eff}}$ で，位相 90 度の遅れが，フェーザの世界では $e^{-j(\pi/2)}$ の掛け算で表されることに注意して，次式が得られる．

$$\begin{aligned} V_c(t) &= \frac{1}{\omega C}\sqrt{2}\,\text{Im}\left\{\bm{I}e^{j\omega - j(\pi/2)}\right\} \\ &= \frac{1}{j\omega C}\sqrt{2}\,\text{Im}(\bm{I}e^{j\omega}) \\ &= \frac{1}{j\omega C}\sqrt{2}I_{\text{eff}}\sin(\omega t + \phi) \end{aligned} \tag{7.6}$$

これを，抵抗の場合の式 (7.4) に倣ってフェーザ表記すると，

$$\bm{V}_c = \frac{1}{j\omega C}I_{\text{eff}}e^{j\phi} = \frac{1}{j\omega C}\bm{I} \tag{7.7}$$

となる．上式を，抵抗の場合のフェーザ表記と比較すると，抵抗 R の代わりに，演算子：$\dfrac{1}{j\omega C}$ を用いることで，交流の電流とキャパシタの端子電圧の関係を表すことができる．

(c) インダクタンス負荷の電流と電圧の関係

最後に，図 7.1 (c) に示すように，交流電流源にインダクタンス負荷を接続した場合について考察する．この回路の電流と電圧の関係は，第 5 章の式 (5.14′) で示したように，微分の操作が，正弦波の位相の進みとして表現される．

第7章 インピーダンスとアドミタンス

$$V_L(t) = L\frac{d\{I_0 \sin(\omega t + \phi)\}}{dt}$$
$$= \omega L I_0 \cos(\omega t + \phi) = \omega L I_0 \sin\left(\omega t + \phi + \frac{\pi}{2}\right) \quad (7.8)$$

上式についても，抵抗やキャパシタの場合と同様に，フェーザ $\boldsymbol{I} = I_\text{eff} e^{j\phi}$ を用いて記述すると，振幅が $I_0 = \sqrt{2} I_\text{eff}$ で，位相90度の進みが，フェーザの世界では $e^{j(\pi/2)}$ の掛け算で表され，その虚数部が j となることに注意して，次式が得られる．

$$V_L(t) = \omega L \sqrt{2} \operatorname{Im}(\boldsymbol{I} e^{j\omega + j(\pi/2)})$$
$$= j\omega L \sqrt{2} \operatorname{Im}(\boldsymbol{I} e^{j\omega})$$
$$= j\omega L \sqrt{2} I_\text{eff} \sin(\omega t + \phi) \quad (7.9)$$

これを，抵抗の場合の式 (7.4), (7.7) に倣ってフェーザ表記すると，

$$\boldsymbol{V}_L = j\omega L I_\text{eff} e^{j\phi} = j\omega L \boldsymbol{I} \quad (7.10)$$

すなわち，フェーザの世界では，コイルのインダクタンスが電流に及ぼす効果は，演算子 $j\omega L$ を掛け算することで表現される．

以上のように，交流の電流に働きかけて電圧を得る演算子を，一般化した概念として，インピーダンス z を定義することができ，キャパシタについては，$z_c = \dfrac{1}{j\omega C}$，インダクタンスについては，$z_L = j\omega L$ のように抵抗の概念を拡張することができる．純抵抗以外の素子のインピーダンスは，一般には複素数となる．この実部は抵抗（resistance），虚数部はリアクタンス（reactance）と呼ばれ，これらの単位としては，いずれも抵抗に倣って，Ω（オーム）を用いる．

また，インピーダンスの逆数を**アドミタンス**（admittance）と呼び記号 G で表されることが多い．アドミタンスも純抵抗以外では虚数となるが，その実部は**コンダクタンス**（conductance），虚数部は**サセプタンス**（susceptance）と呼ばれ，単位はコンダクタンスに倣って，S（ジーメンス）を用いる．さらには，インピーダンスとアドミタンスを合わせた総称として，イミタンス（immittance）と呼ばれることがある．これは，<u>im</u>pedance と <u>ad</u><u>mittance</u> を続けた綴りに由来する．

7.2 合成インピーダンス

前節では，キャパシタンスや，インダクタンスの負荷に交流の電流を流したときに得られる交流電圧の表現方法について述べたが，本節では，これらの素子が複数接続された回路の扱いについて述べる．

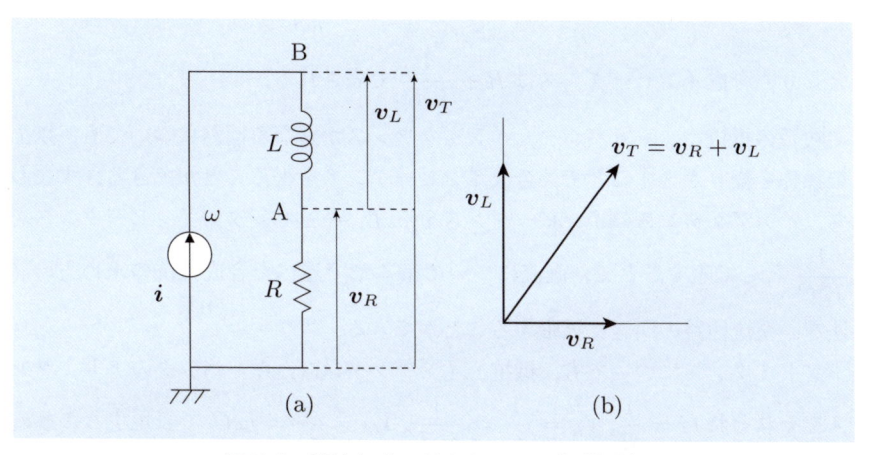

図 7.2 抵抗とインダクタンスの直列回路

図 7.2 (a) に示す抵抗とインダクタンスが直列に接続された回路について考察してみよう．回路に接続された電流源からの電流のフェーザを i で表すと，この電流が抵抗 R に流れることにより，式 (7.4) に従い，端子電圧 $v_R = Ri$ が抵抗の端子 A 点に発生する．この電圧は，電流源の位相と同位相となる．

これに対して，インダクタンス L H の端子 A–B 間は，式 (7.10) に従い，$V_L = j\omega L I$ なる電圧が発生する．この電圧の位相は，電流の位相より，90 度進んでいる．これら 2 つの電圧は，図 7.2 (b) に示すように，複素ベクトル空間上で足し合わされ，接地点に対する B 点の電位は次式で表される．

$$v_T = v_R + v_L = Ri + j\omega L i \tag{7.11}$$

ここで，上式の第 2 項の抵抗とインダクタンスの効果をまとめて，

$$z = R + j\omega L \tag{7.12}$$

のように表現すると，式 (7.11) は，次式のように簡単に表すことができる．

$$\boldsymbol{v}_T = z\boldsymbol{i} \tag{7.13}$$

上式の z を抵抗とインダクタンスの「合成インピーダンス」と呼ぶ.

今度は,図 7.2 の L を,静電容量 C(F)のキャパシタに置き換えた場合を考えると,式 (7.4) と式 (7.7) より

$$\boldsymbol{v}_T = \boldsymbol{v}_R + \boldsymbol{v}_C = R\boldsymbol{i} + \frac{1}{j\omega C}\boldsymbol{i} \tag{7.14}$$

となり,合成インピーダンスは $R + \dfrac{1}{j\omega C}$ で表される.

複数の抵抗や,キャパシタ,インダクタンスからなる回路についても,以上の操作を繰りかえすことで,合成インピーダンスを得ることができる.すなわち,インダクタンスのインピーダンスを $j\omega L$,キャパシタのインピーダンスを $\dfrac{1}{j\omega C}$ として表すことで,直流について第 4 章で述べた合成抵抗の求め方の諸法を,交流回路の問題に拡張することができる.

アドミタンスについても,抵抗,インダクタンス,キャパシタのアドミタンスをそれぞれ $G = \dfrac{1}{R}$, $Y_L = \dfrac{1}{z_L} = \dfrac{1}{j\omega L}$, $Y_C = \dfrac{1}{z_c} = j\omega C$ で表現することにより,並列回路については,それぞれの和で「合成アドミタンス」を得ることができる.すなわち,直流回路で適用されるコンダクタンスの概念を,そのままアドミタンスに拡張することができる.

■ 例題 7.1
図 7.3 の回路の角周波数 ω における合成インピーダンスを求めよ.

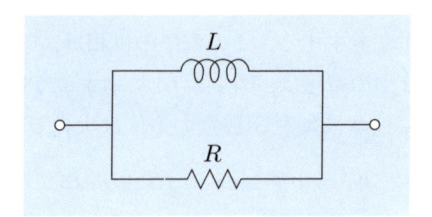

図 7.3 抵抗とインダクタンスの並列接続

【解答】 まず,抵抗とインダクタンスの並列接続の合成アドミタンス y_{RL} を求

める.

$$y_{RL} = \frac{1}{z_R} + \frac{1}{z_L} = \frac{1}{R} + \frac{1}{j\omega L}$$

従って,合成インピーダンスは y_{RL} の逆数を求め,

$$z_{RL} = \frac{1}{y_{RL}} = \frac{j\omega RL}{R + j\omega L}$$

分母子に $(R - j\omega L)$ を掛け,有理化すると,以下のようになる.

$$z_{RL} = \frac{\omega^2 L^2 R + j\omega L R^2}{R^2 + \omega^2 L^2}$$

■

一般に,2つのインピーダンス z_A と z_B を並列にした合成インピーダンス z_{AB} は $z_{AB} = \dfrac{z_A z_B}{z_A + z_B}$ となるが,この合成インピーダンスを $z_A \mathbin{/\mkern-6mu/} z_B$ と略記することもある.

キルヒホフの電流則および電圧則については,第2章で述べた式 (2.2) および式 (2.3) の電流・電圧をフェーザ表現することで,以下のようにそのまま拡張することができる.

$$\sum_k i_k = 0 \quad \text{(キルヒホフ電流則)} \tag{7.15}$$

$$\sum_i \Delta V_i = 0 \text{(キルヒホフ電圧則)} \tag{7.16}$$

従って,抵抗の概念を複素量で表されるインピーダンスに拡張することで,フェーザ表現された電流・電圧の挙動を,広義のオームの法則,広義のキルヒホフ電流則,電圧則の適用で求めることが可能になる.

さらには,フェーザ表現は,電圧や電流の線形性を損なうことがないので,重畳の理や,それから導出されるテブナンの定理,ノートンの定理,補償の理についても,「抵抗」として表現されていた箇所を「インピーダンス」で置き換えることにより,そのまま適用することができる.

第 7 章　インピーダンスとアドミタンス

テブナンの定理（交流について）

複数の電源と *インピーダンス* からなる任意の回路は，1 つの電圧源と，これに直列な 1 つの *インピーダンス* によって表現することができる．ただし，このときの電圧源の電圧は，元の回路の出力を開放としたときの電圧と等しく，また，直列に接続される *インピーダンス* 値は，元の回路から全ての電源を除去したときの出力端子間の *インピーダンス* 値と等しい．

インピーダンス表現の由来

ヘビサイド（56 ページコラム参照）によって導入された交流の複素表現に対するインダクタンスやキャパシタンスの効果を，インピーダンスという形で記述する体系は，インド生まれのケネリー（Arthur E. Kennelly）によって 1893 年に発表された．同年 4 ヶ月後にドイツ生まれのスタインメッツ（Charles Proteus Steinmetz）によって第 5 回国際電気学会で同様の発表がなされた．スタインメッツは電力に重きを置いた形で，交流理論の体系をより強固なものとした．海底ケーブルの通信で生まれた技術が送電線の解析にも役立つのは，実問題から発した技術を普遍化しようとして努力してきた先哲のパイオニア精神の賜物ではあるが，ともすれば細分化されガラパゴス化する昨今の技術動向が気になるところでもある．

（参考文献：C. P. Steinmetz: "Lectures on Electrical Engineering" 1915—1920; 復古版：Dover edition (1971)）

7.3　CRフィルタの動作

フェーザで表現される交流回路内の電流や電圧の算出には，直流回路で用いられる基本的な法則・定理の「抵抗」の部分を「インピーダンス」で置き換えればよいことを，前節までに述べてきたが，その具体的な応用例の1つとして，本節では簡単なフィルタの動作の解析について説明する．

信号に含まれる様々な周波数成分の中で，不要な周波数成分を抑圧し，欲しい周波数成分を取り出すのがフィルタの役割である．中でも，不要な高周波成分を取り除き，低い周波数成分だけを取り出すフィルタは，ローパス・フィルタ（LPF：Low Pass Filter）と呼ばれ，信号処理の基本的な機能要素となる．

図7.4に最も単純な，1個のキャパシタと1個の抵抗から構成されるCRローパス・フィルタの回路図を示す．

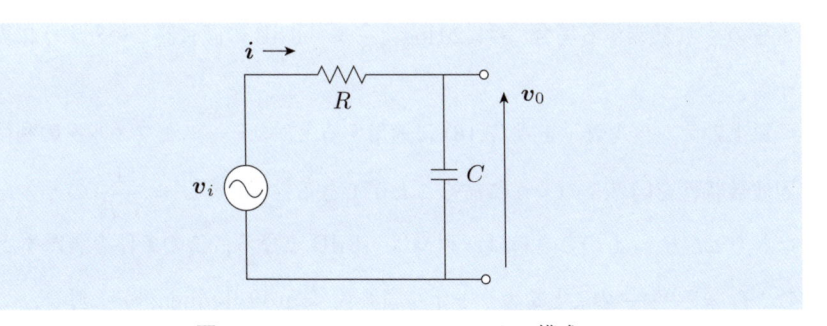

図7.4　CRローパス・フィルタの構成

同図で入力電圧のフェーザ表現が v_i のとき，出力端を開放状態とすると，抵抗 R およびキャパシタ C を流れる電流のフェーザ i は，入力電圧のフェーザを抵抗 R とキャパシタ C の直列合成インピーダンスで除し，次式で表される．

$$i = \frac{v_i}{R + \frac{1}{j\omega C}} \tag{7.17}$$

また，出力電圧のフェーザ v_o は，電流 i にキャパシタ C のインピーダンスを乗ずることで，次のように算出される．

$$v_o = \frac{1}{j\omega C} i$$

$$= \frac{\frac{1}{j\omega C}}{R + \frac{1}{j\omega C}} v_i$$

$$= \frac{1 - j\omega CR}{1 + \omega^2 C^2 R^2} v_i \qquad (7.18)$$

上式で $\omega \to 0$ とすると，$v_o = v_i$ となる．すなわち周波数が十分低い領域では，フィルタの減衰はなく，入力の信号が出力にそのまま現れる．反対に $\omega \to \infty$ とすると，分母が ∞ になり，利得は 0 となる．

入力と出力の電圧実効値の比 $\frac{|v_o|}{|v_i|}$ が利得を表すが，この値の対数（底を 10 とする）をとり，20 倍した量を利得のデシベル表示と呼び，dB で表す．例えば，10 倍の増幅率を持つアンプは，20 dB のアンプと呼称し，出力電圧が入力電圧の $\frac{1}{2}$ に減衰する場合には，$20 \log_{10} \frac{1}{2} = -6$ dB の減衰器というように表現する．

以上のデシベル表示を式 (7.18) に適用すると，ローパス・フィルタの利得の周波数特性を図 7.5 のように描くことができる．特に，$\omega = \frac{1}{CR}$ のとき，すなわち $\omega CR = 1$ のときには，利得は -3 dB となる．この条件を満たす周波数：$f_c = \frac{1}{2\pi CR}$ のことをカットオフ周波数（cutoff frequency）と呼び，この

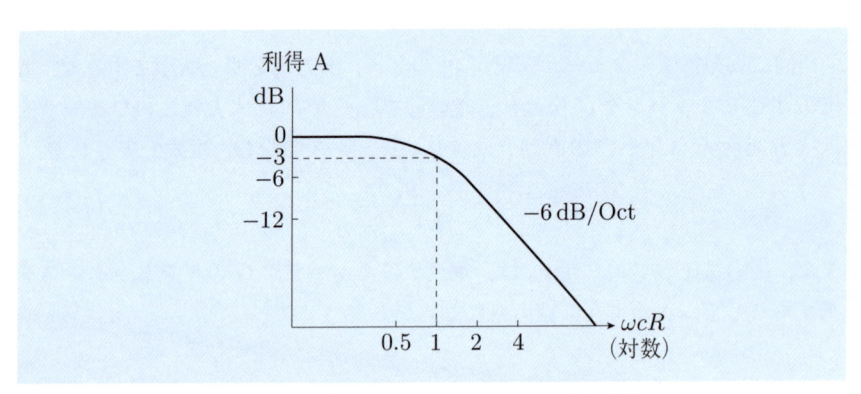

図 7.5　1 次ローパス・フィルタの減衰特性

7.3 CR フィルタの動作

周波数より高い周波数では，減衰量が急激に増加するという目安を与える．また，用いられている抵抗とキャパシタの値で決まる $\tau = CR$ を時定数（time constant）と呼ぶ．

図 7.4 で表されるキャパシタ 1 個と抵抗 1 個からなる最も単純なローパス・フィルタ（1 次の LPF）の減衰特性は，図 7.5 に示すように，カットオフ周波数よりも十分に高い周波数領域では，周波数が 2 倍になるごとに（オクターブあたり）利得が $-6\,\mathrm{dB}$ の割合で減衰する特性を持つ．図中の（$-6\mathrm{dB/oct}$）はそのような特性を記述している．

以上は，ローパス・フィルタの入力電圧に対する出力電圧の振幅特性についてのみの考察であったが，交流信号の位相はどのようになるであろうか？ 式 (7.18) で $\omega = 0$ とすると入出力間で位相のずれのないことは容易に理解できるが，カットオフ周波数ではどのような位相関係が得られるであろうか．この条件：$\omega CR = 1$ を同式に代入してみると，位相も含めた形で入出力関係が得られる．

$$\boldsymbol{v}_o = \frac{1-j}{2}\boldsymbol{v}_i \tag{7.19}$$

すなわち，入力電圧のフェーザに対して，出力電圧のフェーザは 45 度（$\pi/4$）だけ位相が遅れることを意味する．また，この周波数は，抵抗のインピーダンスと，キャパシタのインピーダンス絶対値が等しくなる点でもある．

さらに周波数が上がると，出力電圧フェーザの位相遅れは増大し，周波数 ∞ で，位相遅れは 90 度となる．

7.4 複素電力

第6章で述べたフェーザの概念と，7.1, 7.2節で導入した「抵抗」の拡張形としてのインピーダンスの概念を用いることで，直流回路の扱いの多くは，交流回路についてもそのまま利用することができた．ところが，フェーザの定義だけでは自明に確定しない唯一の量が，フェーザ表現と電力との関係である．

交流電源に純抵抗の負荷が接続された場合の消費電力については，第5章の式 (5.6) で示したように，ピーク電圧 V_p を用いて，$P_{\mathrm{av}} = \dfrac{V_p^2}{2R}$ のように表される．これを実効電圧 V_{eff} と実効電流 I_{eff} を用いて書き直せば，

$$P_{\mathrm{av}} = V_{\mathrm{eff}} I_{\mathrm{eff}} = \frac{V_{\mathrm{eff}}^2}{R} \tag{7.20}$$

となるが，純抵抗以外のインピーダンスが負荷として接続された場合には，消費電力はどのように計算すればよいであろうか？

7.2節の延長からは，フェーザ表現された電圧 v と電流 i を直接掛け算してみたい衝動に駆られるが，これは正しくない．このことは，例えば電圧の初期位相が ϕ，電流の初期位相も ϕ であった場合を考えると，フェーザ表現された電圧 v と電流 i を複素平面上で掛け算してみると，動径が $|v||i|$ となるところまではよいが，乗算で得られる複素量の偏角は 2ϕ となってしまい，意味不明な結果となってしまう．

そこで，電力についてのみは，物理量を表す瞬時電力の定義に戻って考察を行い，改めてフェーザとしての電圧と電流を用いた電力表現を定義する必要がある．

まず，図 7.6 に示すインダクタンス L と抵抗 R が並列接続された負荷に，交流電圧源が接続されている回路について，電源側から点線 X–Y を通って，負荷側に送られる瞬時電力 $p(t)$ を計算してみよう．ここで，電圧源の電圧フェーザを $\boldsymbol{E}$ とすると，負荷に流れる電流のフェーザは，負荷の合成アドミタンス $Y = \dfrac{1}{R} + \dfrac{1}{j\omega L}$ に電圧を掛けることで，以下のようになる．

$$\boldsymbol{I} = \boldsymbol{E}Y = \boldsymbol{E}\left(\frac{1}{R} + \frac{1}{j\omega L}\right) \tag{7.21}$$

従って，瞬時値に直すと，

7.4 複素電力

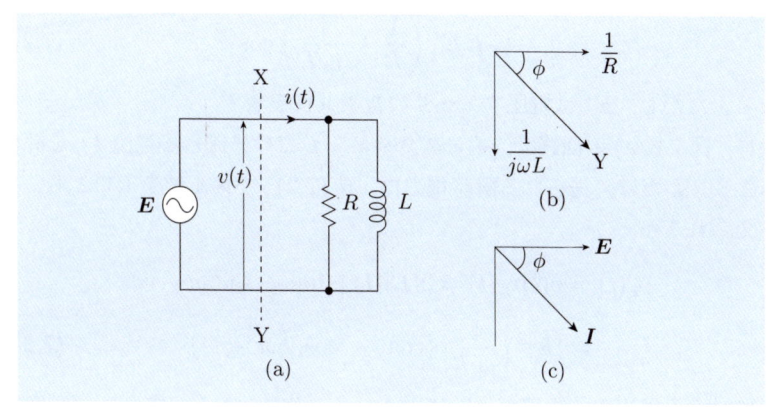

図 7.6 インダクタンスと抵抗からなる回路への電力供給
(a) 接続回路 (b) アドミタンスの合成 (c) 電圧と電流のフェーザの関係

$$p(t) = v(t)i(t)$$
$$= 2|\boldsymbol{E}||\boldsymbol{I}|\sin(\omega t)\sin(\omega t - \phi)$$
$$= |\boldsymbol{E}||\boldsymbol{I}|\{\cos(\phi) - \cos(2\omega t - \phi)\} \quad (7.22)$$

ここに，電圧の初期位相は 0 と仮定し，電流の位相角 $-\phi$ は，図 7.6 (b)(c) のように，$\tan(-\phi) = -\dfrac{1/(\omega L)}{1/R}$ を満たす．

式 (7.22) の第 2 項はゼロを平均値とし，時刻 t の変化とともに正負対称で変化するため，長時間にわたって積分するとゼロに収束する．従って，平均電力（= 実効電力）p_{av} は以下のように，$\cos\phi$ に比例する量となり単位は W（ワット）で表される．

$$P_{\mathrm{av}} = |\boldsymbol{E}||\boldsymbol{I}|\cos\phi \quad (7.23)$$

上式で，電圧フェーザの絶対値と，電流フェーザの絶対値を乗じたスカラ量は，皮相電力（apparent power）と呼ばれ，単位は VA（ボルト・アンペア），その 1000 倍は kVA（ケー・ヴイ・エー）である．また，$\cos\phi$ は力率（power factor）と呼ばれ，純抵抗負荷では $\cos\phi = 1$ となる．

式 (7.23) に式 (7.21) を代入して電圧のみの表現に書き換えると

$$P_{\mathrm{av}} = |\boldsymbol{E}|^2 \left(\frac{1}{R} + \frac{1}{j\omega L}\right)\cos\phi$$

$$= \boldsymbol{E}\boldsymbol{E}^* \left(\frac{1}{R} + \frac{1}{j\omega L}\right) \cos\phi \tag{7.24}$$

となる．ただし，E^* は電圧フェーザの複素共役を表す．

次に，図 7.6 (a) の回路で，インダクタンス L だけに流れる電流 $\boldsymbol{I}_L$ を評価してみよう．L だけに送られる瞬時電力は，式 (7.21) で第 1 項をゼロとし，次式で与えられるが，

$$p_r(t) = v(t)i_L(t) = 2|\boldsymbol{E}||\boldsymbol{I}_L|\sin(\omega t)\sin(\omega t - \phi)$$
$$= |\boldsymbol{E}|^2 \left|\frac{1}{j\omega L}\right| \{\cos\phi - \cos(2\omega t - \phi)\} \tag{7.25}$$

電圧に対する電流の位相遅れ $-\phi$ は，インダクタンスのみの場合，-90 度となる．この関係を上式に代入すると，第 1 項 $\cos\phi$ はゼロとなり，時々刻々変動する以下の電力のみが残る．

$$p_r(t) = \boldsymbol{E}\boldsymbol{E}^* \frac{1}{\omega L} \left\{-\cos\left(2\omega t - \frac{\pi}{2}\right)\right\} = P_r \sin 2\omega t \tag{7.26}$$

上式の振幅 P_r は無効電力（reactive power）と呼ばれ，十分に長い期間にわたって平均すると，ゼロに収束する量で，実際のエネルギ消費には寄与しない．すなわち，物理的には，交流電源とインダクタンスとの間を往復する電力を表し，インダクタンスの磁気エネルギへの蓄積と放出が電源電圧 1 周期の間に 2 回行われることに相当する．無効電力の単位には var（バール）を用い，実際に消費される電力と区別される．

この無効電力と式 (7.23) で用いた皮相電力 $P_a = |\boldsymbol{E}||\boldsymbol{I}|$ との関係を求めておく．図 7.6 (b) に示すように，$\sin\phi = \dfrac{(1/\omega L)}{|Y|} = \dfrac{(1/\omega L)}{(1/R) + (1/j\omega L)}$ なる関係が成り立つことに注意すると，以下の関係が得られる．

$$P_r = P_a \sin\phi \tag{7.27}$$

以上，式 (7.23) で表現される実効電力 P_{av} と，式 (7.26) の無効電力 P_r はいずれもスカラ量であるが，これらを次式のように組み合わせた量 $\boldsymbol{P}_c$ を，新たに**複素電力** (complex power) と定義する．

$$\boldsymbol{P}_c = P_{av} + jP_r = P_a(\cos\phi + j\sin\phi) = |\boldsymbol{E}||\boldsymbol{I}|e^{j\phi} \tag{7.28}$$

この関係を図示すると，図 7.7 のようになる．

7.4 複素電力

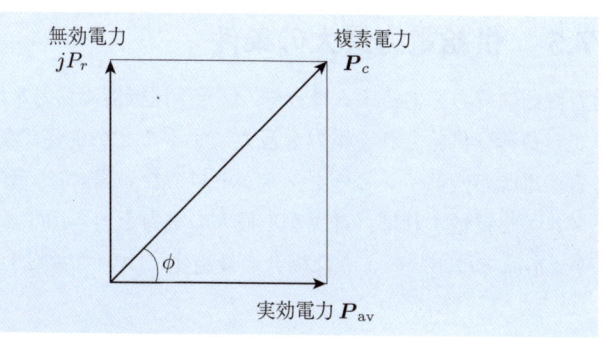

図 7.7 複素電力の定義

式 (7.28) で用いられている位相角 ϕ が, 図 7.6 (b) に示すように, 電圧を基準とした電流の位相を表していることに注意すると, $\phi = \arg(\boldsymbol{I}) - \arg(\boldsymbol{E})$ である. すなわち, 電圧ベクトルの複素共役 × 電流ベクトルの演算を行うことで, 式 (7.28) に含まれる $e^{j\phi}$ をも含めた形で, 複素電力を生成することができる. すなわち,

$$\boldsymbol{P}_c = \boldsymbol{E}^* \boldsymbol{I} \tag{7.29}$$

によって, 複素電力を容易に求めることができ, その実部より実効電力を, 虚部より無効電力を算出することができる[1].

以上をまとめると, 交流の電圧, 電流フェーザが各々 $\boldsymbol{E} = E_1 + jE_2$, $\boldsymbol{I} = I_1 + jI_2$ のように与えられたとき, 各電力は, 具体的に以下のように算出される.

交流の電力まとめ

複素電力: $\boldsymbol{P}_c = \boldsymbol{E}^* \boldsymbol{I} = (E_1 - jE_2)(I_1 + jI_2)$
$\qquad\qquad\qquad = E_1 I_1 + E_2 I_2 + j(E_1 I_2 - E_2 I_1)$

実効電力: $P_{\text{av}} = \text{Re}(\boldsymbol{P}_c) = E_1 I_1 + E_2 I_2$ W

無効電力: $P_r = \text{Im}(\boldsymbol{P}_c) = E_1 I_2 - E_2 I_1$ var

力率　　: $\cos\phi = \dfrac{P_{\text{av}}}{|\boldsymbol{P}_c|} = \dfrac{E_1 I_1 + E_2 I_2}{\sqrt{(E_1^2 + E_2^2)(I_1^2 + I_2^2)}}$

---

[1] 以上の定義では, $P_c = P_{\text{av}} + jP_r$ としたが, この定義は必ずしも自明ではなく, $P_c = P_{\text{av}} - jP$ と別の定義をすることも可能である. その場合には, $P_c = EI^*$ となる

7.5 供給電力最大の条件

動力機器に電力を供給する場合や，信号伝達機器で信号を伝送する場合など，電源から負荷へ供給される電力を最大にすることが重要となる局面がしばしば生じる．電源の内部インピーダンスがゼロでない場合に，どのような負荷インピーダンスを接続すれば，電源から最大の電力を引き出すことができるであろうか？ 本節では，このような場合の最適化について考察する．

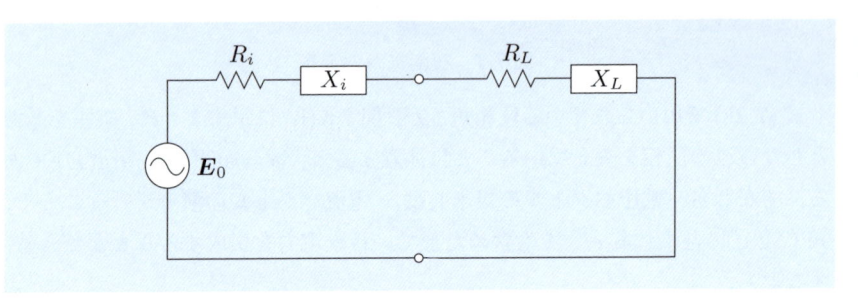

図 7.8 供給電力を最大とする負荷インピーダンスの選択

図 7.8 のように，角周波数 ω の交流電圧源に内部インピーダンスとして $Z_i = R_i + jX_i$ が直列に接続されている電源回路を想定する．この回路に接続される負荷インピーダンスを $Z_L = R_L + jX_L$ としたとき，負荷抵抗 R_L と負荷リアクタンス X_L のみが変更可能とする．

この回路で最大化したいのは，負荷の抵抗分 R_L による消費電力である．負荷に流れる電流フェーザを $\boldsymbol{I}_L$，抵抗分の端子電圧を $\boldsymbol{E}_{RL}$ で表すとき，この抵抗分で消費される実効電力は，R_L を流れる電流と電圧の位相が同じである点に留意すると，式 (7.29) の複素電力を用い，以下のように求められる．

$$P_{\mathrm{av}} = \mathrm{Re}(\boldsymbol{P}_c) = |\boldsymbol{E}_{RL}^* \boldsymbol{I}_L| \cos\phi$$
$$= R_L \boldsymbol{I}_L^* \boldsymbol{I}_L \tag{7.30}$$

ここで，初期位相ゼロの電圧源を位相の基準として電流フェーザ $\boldsymbol{I}_L$ を求めると，

$$\boldsymbol{I}_L = \frac{|\boldsymbol{E}_0|}{(R_L + R_i) + j(X_L + X_i)} \tag{7.31}$$

この式を (7.30) に代入すると，以下の関係を得る．

7.5 供給電力最大の条件

$$P_{\text{av}} = R_L \boldsymbol{I}_L^* \boldsymbol{I}_L$$
$$= R_L \frac{|\boldsymbol{E}_0|^2}{(R_L + R_i)^2 + (X_L + X_i)^2} \quad (7.32)$$

負荷での消費電力最大化の問題は，上式の分母最小化の問題と等価である．分母の中で，X_L と X_i は正負を取れるリアクタンスなので，$X_L = -X_i$ とするのが，最適の X_L 選択となる．

このような条件のもとで，改めて負荷の消費電力を評価すると，

$$P_{\text{av}} = R_L \frac{|\boldsymbol{E}_0|^2}{(R_L + R_i)^2} \quad (7.33)$$

上式は，$R_L = 0$ および $R_L \to \infty$ でゼロとなる二次関数であり，導関数 $= 0$ となる $R_L = R_i$ で極値（最大値）をとる．以上より，

$$Z_L = R_L + jX_L = R_i - jX_i = Z_i^* \quad (7.34)$$

が，最適な負荷インピーダンスを与えることになる．

なお，直流回路の場合には，もともとリアクタンス成分がないので，式 (7.33) からスタートして考えればよく，内部抵抗 R_i に等しい負荷抵抗 R_L が最大の供給電力条件を与える．

7章の問題

□**1** 下図のそれぞれの回路について，端子 A, B 間の合成インピーダンスを求めよ．

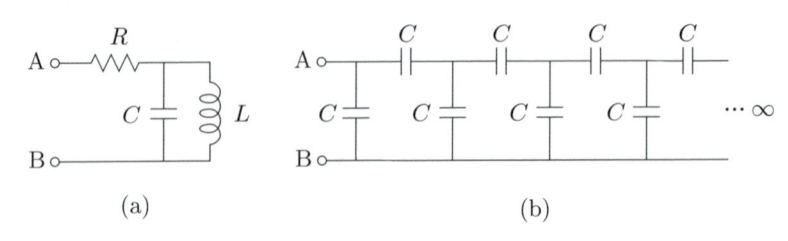

(a)　(b)

□**2** 下図の回路中の電流 i_c に対応する複素表示（静止フェーザ）を求めよ．結果はなるべく簡単化して，極形式で示せ．次に電圧源から供給される全電流の実効値（位相は不要）を求めよ．ただし電圧源の電圧実効値は 300 V とする．

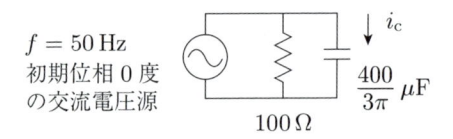

$f = 50\,\mathrm{Hz}$
初期位相 0 度の交流電圧源
$100\,\Omega$
$\dfrac{400}{3\pi}\,\mu\mathrm{F}$

□**3** 下図の回路で，抵抗 R で最大の電力を消費させるのには，R をどのような値にしたらよいか．また，このとき R で消費される最大電力を求めよ．

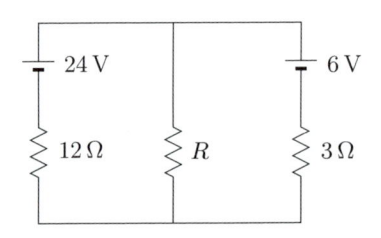

24 V　6 V　12 Ω　R　3 Ω

□**4** 下図は，いずれも周波数 f，初期位相を 0 度とする，交流電流源（実効値 I_0）および交流電圧源（実効値 V_0）を含む電源回路である．
  (a) 端子 A–B 間の開放電圧を求め，複素表示せよ． 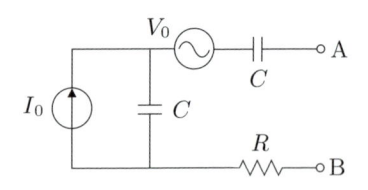
  (b) 1 つの電圧源と最少個数の回路素子を用いて，図の回路と等価な電源回路を求め，図示せよ．

第8章

共振回路とQ

　前章では，フェーザで表された電圧，電流に働きかける演算子としてのインピーダンスおよび，アドミタンスの作用について述べたが，電力を蓄積する要素であるキャパシタとインダクタンス（コイル）を組み合わせると，周波数によって種種の特徴ある性質を作り出すことができる．本章では，これらの基本的な性質について考察する．

8.1　直列共振回路
8.2　並列共振回路
8.3　回路の Q とエネルギ
8.4　交流ブリッジ

8.1 直列共振回路

図 8.1(a) のように，キャパシタとインダクタンスを直列にした回路を，直列共振回路（serial resonant circuit）と呼ぶ．この回路の合成インピーダンスを求めると，

$$z = j\omega L + \frac{1}{j\omega C}$$
$$= j\left(\omega L - \frac{1}{\omega C}\right). \tag{8.1}$$

上式は，$\omega^2 LC = 0$ すなわち，$\omega = \omega_0 = \dfrac{1}{\sqrt{LC}}$ でインピーダンスがゼロになることを示している．この条件を満たす角周波数を共振角周波数，その 2π 分の一を共振周波数（resonant frequency）と呼ぶ．この共振点では，回路は一本の導線と同じ働きをする．

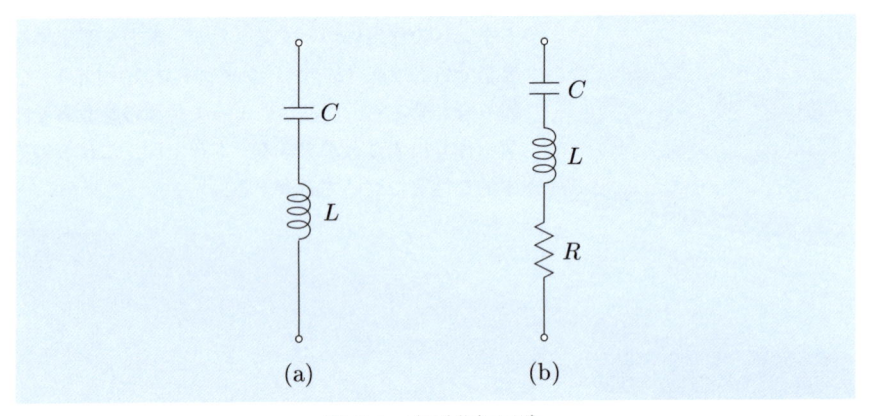

図 8.1 直列共振回路

インピーダンスの虚数部（リアクタンス）は一般に周波数もしくは角周波数 ω の増大とともに変化するが，この変化を横軸に角周波数をとってプロットした図を「リアクタンス線図」（reactance chart）という．図 8.2 に直列共振回路のリアクタンス線図を示す．この図のように，直列共振回路のリアクタンスは共振点よりも低い周波数では負の値をとり，共振点を越えると正になり，さらに周波数が上がるとキャパシタの効果は次第に減少し，インダクタンス単体の

8.1 直列共振回路

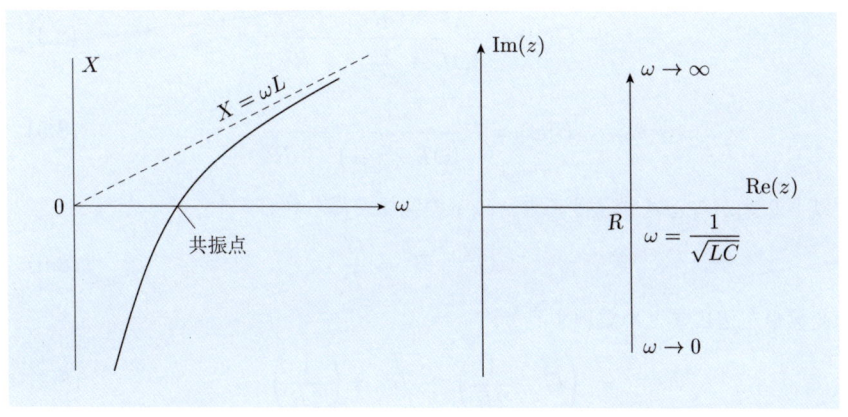

図 8.2 直列共振回路のリアクタンス線図

図 8.3 直列共振回路のインピーダンス軌跡

リアクタンス：$X_L = \omega L$ の直線に漸近していく．

今度は，図 8.1(b) のように LCR が直列に接続された，より現実的な直列共振回路について考察する．この抵抗分 R は，インダクタンスを構成するコイルの導体抵抗やキャパシタを構成する誘電体の損失などのため，通常は完全にゼロにはならない．

損失を伴う直列共振回路のインピーダンスは，

$$z(\omega) = j\left(\omega L - \frac{1}{\omega C}\right) + R \tag{8.2}$$

となるが，このインピーダンス z が $\omega = 0$ から $\omega \to \infty$ に向かう変化を複素平面上に描くと，図 8.3 のインピーダンス軌跡が得られる．この軌跡は $\omega = 0$ で虚数部 $-\infty$ からスタートし，共振点で実部 R の点を通過し，$\omega \to \infty$ で虚数部が無限大となる．$\text{Im}(z)$ が正の領域では「回路は誘導性である」といい，反対に負の領域では「回路は容量性」であるという表現が用いられることもある．

さて，ここで，式 (8.2) の逆数であるアドミタンス $Y(\omega)$ について見ていこう．

$$Y(\omega) = \frac{1}{j\left(\omega L - \frac{1}{\omega C}\right) + R} \tag{8.3}$$

上式の実部を $G(\omega)$ 虚部を $B(\omega)$ とすると，それぞれ次のようになる．

$$G(\omega) = \frac{R}{\left(\omega L - \frac{1}{\omega C}\right)^2 + R^2} \tag{8.4}$$

$$B(\omega) = -\frac{\omega L - \frac{1}{\omega C}}{\left(\omega L - \frac{1}{\omega C}\right)^2 + R^2} \tag{8.5}$$

以上2式から ω を消去すると，以下の関係が得られる．

$$G^2 + B^2 = \frac{G}{R} \tag{8.6}$$

変数を左辺にまとめ整理すると，

$$\left(G - \frac{1}{2R}\right)^2 + B^2 = \left(\frac{1}{2R}\right)^2 \tag{8.7}$$

となり，半径 $\frac{1}{2R}$，中心 $\frac{1}{2R}$ の円の方程式が得られる．

以上のように，複素面 (G, B) 上のアドミタンス軌跡は，$\omega = 0$ のとき，原点からスタートし，ω の増加に伴い円周上を時計方向に移動し，共振点で実軸上 $\frac{1}{R}$ を通過し，さらに第4象限を通り，$\omega \to \infty$ で原点に戻る．

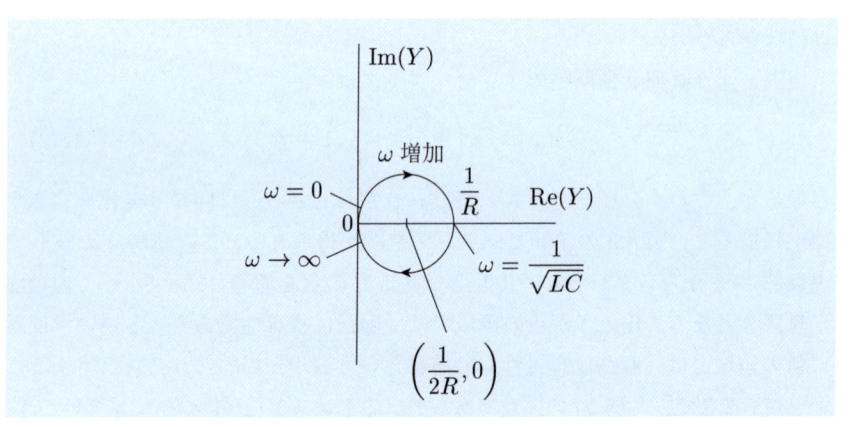

図 8.4 直列共振回路のアドミタンス軌跡

8.2 並列共振回路

図 8.5(a) のように，キャパシタとインダクタンスを並列にした回路を，並列共振回路 (parallel resonant circuit) と呼ぶ．

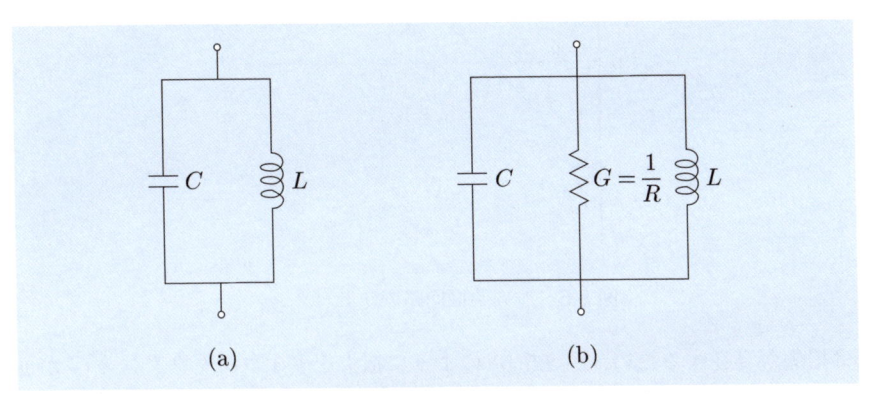

図 8.5 並列共振回路 (a) 無損失の場合 (b) 損失を伴う並列共振回路

この回路の合成アドミタンスを求めると，

$$Y = j\omega L + \frac{1}{j\omega C}$$
$$= j\left(\omega L - \frac{1}{\omega C}\right) \tag{8.8}$$

上式は，$\omega^2 LC = 0$ すなわち，$\omega = \omega_0 = \dfrac{1}{\sqrt{LC}}$ でアドミタンスが 0 になることを示している．この条件を満たす角周波数を反共振角周波数，その 2π 分の一を反共振周波数（anti-resonant frequency）と呼ぶ．この反共振点では回路は開放状態と同様になる．

式 (8.8) で表されるアドミタンスはサセプタンス成分だけからなるが，この周波数特性は，同式が式 (8.1) と同じ形になっているため，図 8.2 の縦軸のみがリアクタンスからサセプタンスに変わった図で表される．

この場合，縦軸が正の領域を容量性，負の領域を誘導性というように，図 8.2 とは逆になっている．

並列共振回路でも，実際にハードウェアで構成されたコイルやキャパシタに

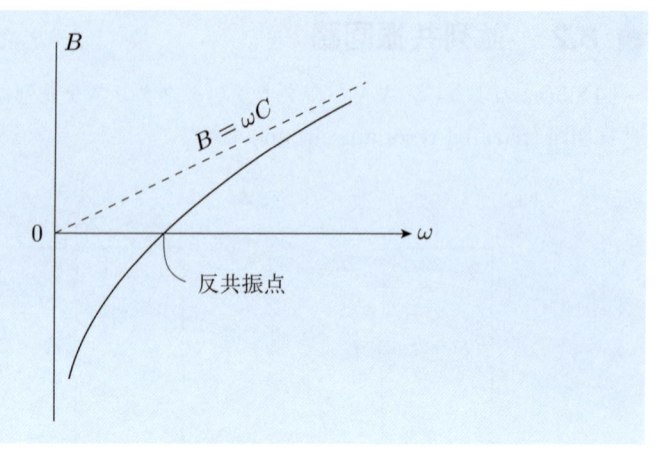

図 8.6 並列共振回路のサセプタンス

は損失が存在するため，図 8.5(b) のように損失を表すコンダクタンス G が加わり，アドミタンスは

$$Y = G + j\left(\omega L - \frac{1}{\omega C}\right) \tag{8.9}$$

のようになる．複素平面の上では，上式で表されるアドミタンス Y は，実軸の G を通り，縦軸に平行な軌跡をたどり，周波数の増加とともに第 4 象限から第 1 象限へと移動する．

式 (8.9) の逆数であるインピーダンスを評価すると，式の形は，直列共振回路のアドミタンス軌跡を表現する式 (8.3) と同じ形になるため，インピーダンスの実部を x，虚部を y としたとき，

$$\left(x - \frac{1}{2G}\right)^2 + y^2 = \left(\frac{1}{2G}\right)^2 \tag{8.10}$$

となり，図 8.7 に示すように半径 $\frac{1}{2G}$，中心 $\frac{1}{2G}$ の円の方程式が得られる．

ここまでは，直列共振，並列共振が単独に存在する場合について述べてきたが，複数のインダクタンスやキャパシタンスからのみ構成される回路を一般にリアクタンス回路と呼び，その合成インピーダンスは次の例題に見るように，共振点と反共振点を有する．

8.2 並列共振回路

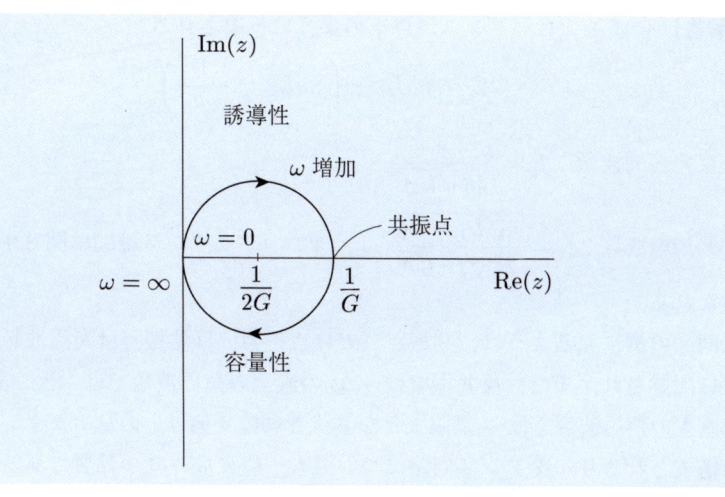

図8.7 並列共振回路のインピーダンス軌跡

■ 例題 8.1

図 8.8 の回路の共振周波数，反共振周波数を求め，リアクタンス線図を描け．

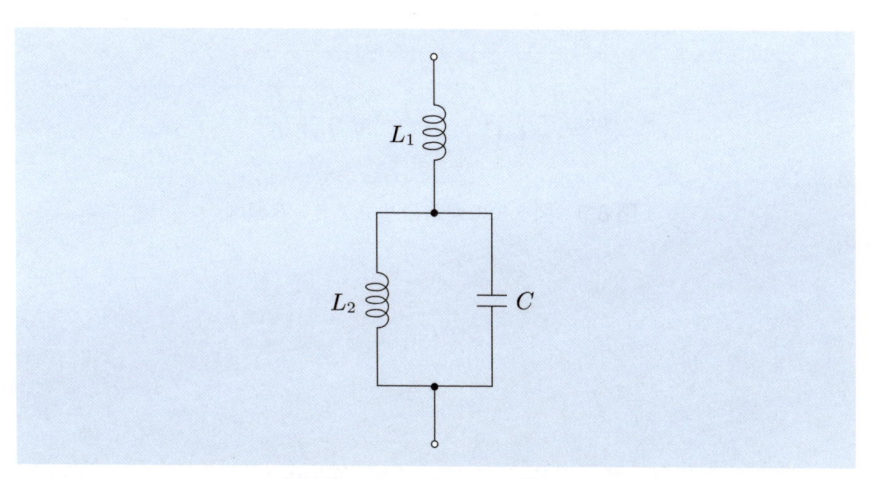

図 8.8 リアクタンス回路の例

【解答】 合成インピーダンスは以下のように算出される．

$$Z = j\omega L_1 + \left(j\omega L_2 \mathbin{/\mskip-1mu/} \frac{1}{j\omega C} \right)$$

反共振周波数：$f_p = \dfrac{1}{2\pi\sqrt{L_2 C}}$

共振周波数：$f_s = \dfrac{\sqrt{L_1 + L_2}}{2\pi\sqrt{L_1 L_2 C}}$　よって，リアクタンス線図は図 8.9 のように描かれる．

　同図の例に見るように，共振点（ゼロ点）と，反共振点は角周波数軸上に交互に配置され，また，反共振では $+\infty$ の直上の角周波数では $-\infty$，逆に $-\infty$ の直上の角周波数では $+$ 無限大となる．これは 4 個以上のリアクタンス素子から構成されるリアクタンス回路についても一般に成り立つ性質である． ∎

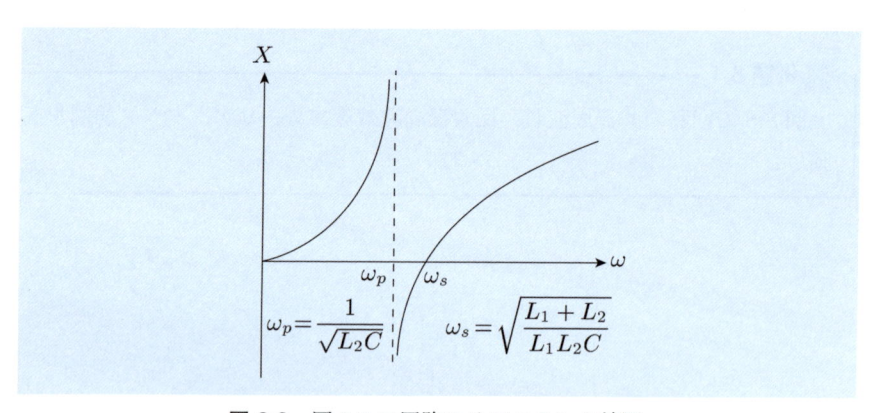

図 8.9　図 8.8 の回路のリアクタンス線図

8.3 回路のQとエネルギ

前節で扱った直列共振回路の場合には，共振周波数でインピーダンスが僅かな純抵抗分だけになり，また，並列共振回路では，反共振点で，アドミタンスが小さなコンダクタンスだけになる．この性質を用いると，入力信号の中から特定の周波数のみの電流を強めたり，特定の周波数の電圧を高め，欲しい周波数成分だけを強調して取り出すことができる，このような目的で用いられる回路を，バンドパス・フィルタ (Band-Pass Filter) とよび，BPFと略記される．

本節では，このようなBPFの特性を記述するQ値と，共振回路を構成する部品レベルでのキャパシタや，インダクタンスの評価基準としてのQの定義について述べる．

(a) 共振回路のQ

並列共振回路のアドミタンスは，前節の式 (8.9) に示したように共振点では第2項はゼロとなる．この状態では，コイルに流れる電流とキャパシタに流れる電流の位相が180度異なり，振幅が同じ値になるためお互いに相殺し，外部から電流が流れ込まずに，内部でエネルギの授受をくり返すことを意味する．

このように，並列共振回路は，エネルギを蓄える回路として作動するため，**タンク回路**と呼ばれ，通信機などで特定の周波数の電圧のみを高める同調回路として多用されている．

図 8.10 に示すように，角周波 ω の交流定電流源に並列共振回路を接続した回路の電圧 $v(\omega)$ を次式によって評価してみよう．式 (8.9) を用い，

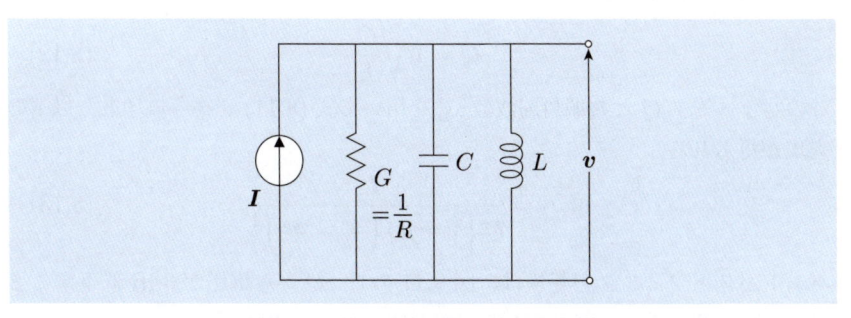

図 8.10 並列共振回路の定電流駆動

$$\boldsymbol{v}(\omega) = \boldsymbol{I}z = \frac{\boldsymbol{I}}{G + j\left(\omega C - \frac{1}{\omega L}\right)}. \tag{8.11}$$

反共振点：$\omega = \dfrac{1}{\sqrt{LC}}$ では，上式分母の第 2 項は消失し，電圧の振幅は最大になる．ω がこの共振点より低くても，また高くても，分母の第 2 項の影響で回路の端子電圧は低下する．

式 (8.11) の絶対値から得られる端子電圧の振幅を周波数の関数としてプロットすると，図 8.11 のように山状になるが，そのピークの鋭さは，式 (8.11) の分母に含まれる G が虚数項と比して小さいほど（抵抗値 R が高いほど）顕著になり，特定の周波数の信号を抽出する能力が高まる．

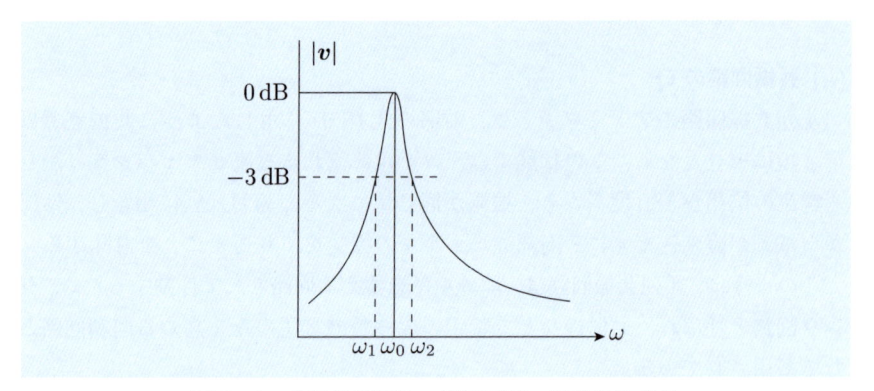

図 8.11 並列共振回路の端子電圧の周波数依存性

この大小を評価するパラメータを次式で定義される quality factor：Q で表す．

$$Q = R\sqrt{\frac{C}{L}} \tag{8.12}$$

このパラメータ Q と共振角周波数 ω_0 を用いて式 (8.11) を書き直すと，以下の表現が得られる．

$$\boldsymbol{v}(\omega) = \frac{\boldsymbol{I}}{G\left\{1 + jQ\left(\dfrac{\omega}{\omega_0} - \dfrac{\omega_0}{\omega}\right)\right\}} \tag{8.13}$$

バンドパス・フィルタの特性は，図 8.11 のピークから電圧が 3dB 低下するまでの周波数範囲を通過域とし，その幅 BW をバンド幅（band width）と呼ぶ．このバンド幅と共振周波数 f_0 の比から以下のように Q を定義する場合もある．

8.3 回路のQとエネルギ

$$Q' = \frac{f_0}{BW} = \frac{\omega_0}{\omega_2 - \omega_1} \tag{8.14}$$

ただし ω_2, ω_1 は共振角周波数の上下で，振幅が $\frac{1}{\sqrt{2}}$ に減衰する角周波数を表す．

■ **例題 8.2**

式 (8.12) で定義される Q と式 (8.14) で定義される Q' が一致することを証明せよ．

【解答】 式 (8.11) より，出力電圧の振幅が $\frac{1}{\sqrt{2}}$ に減衰する角周波数では，アドミタンスの虚部と実部が等しい．

すなわち，$G^2 = \left(\omega C - \frac{1}{\omega L}\right)^2$

展開すると，$C^2\omega^2 - \left(\frac{2C}{L}\right) - G^2 + \frac{1}{\omega^2 L^2} = 0$

すなわち，$\omega^4 - \left(\frac{2}{LC} + \frac{1}{R^2C^2}\right)\omega^2 + \frac{1}{C^2L^2} = 0$

ω^2 の2次式について，根と係数の関係より

$$\omega_1^2 + \omega_2^2 = \frac{2}{LC} + \frac{1}{C^2R^2}, \quad \omega_1^2\omega_2^2 = \frac{1}{C^2L^2}$$

以上より $(\omega_2 - \omega_1)^2 = \frac{1}{C^2R^2}$

$$\omega_2 - \omega_1 = \frac{1}{CR}$$

$$Q' = \frac{\omega_0}{\omega_2 - \omega_1} = \frac{CR}{\sqrt{LC}} = R\sqrt{\frac{C}{L}} = Q \quad ■$$

以上は，並列共振回路を定電流駆動したときの電圧を出力としたBPFについて考察したが，同様の議論は直列共振回路を使った構成についても可能で，直列共振回路を定電圧駆動し，流れる電流を出力としてBPFを構成することもできる．この際の Q の定義は並列共振の場合と異なり，次式で定義される．

$$Q = \omega_0 \frac{L}{R} \tag{8.15}$$

これは，直列共振回路では，損失を表す抵抗 R が並列共振の場合と異なり，図 8.1(b) のように，回路に直列に接続されているからである．

このように，回路の構成によって Q の定義が異なるのは奇異であるが，実は，Q の定義は本来，次式のように回路の中に蓄積されるエネルギ（ピーク値）を 1 周期中に回路内で消費されるエネルギで除し，2π 倍することで得られる．

$$Q = 2\pi \frac{\text{回路中の蓄積エネルギ}}{\text{一周期中の消費エネルギ}} \tag{8.16}$$

(b) インダクタンスの Q

式 (8.16) の表現によれば，エネルギの蓄積は，共振回路でのみ行われるわけではなく，インダクタンスと抵抗からなる回路についても，Q の評価が可能である．すなわち，コイルに流れる電流ピーク値を I A とすると，蓄積エネルギは

$$P_L = \frac{1}{2} L I^2 \tag{8.17}$$

一方，抵抗による一周期内の消費エネルギは周期 $T = \dfrac{2\pi}{\omega}$ なので，

$$\begin{aligned} P_R &= R \int_0^{2\pi/\omega} |I \sin(\omega t)|^2 dt \\ &= I^2 R \frac{\pi}{\omega} \end{aligned} \tag{8.18}$$

これらを式 (8.16) に代入すると，以下のように Q が得られる．

$$Q = \omega \frac{L}{R} \tag{8.19}$$

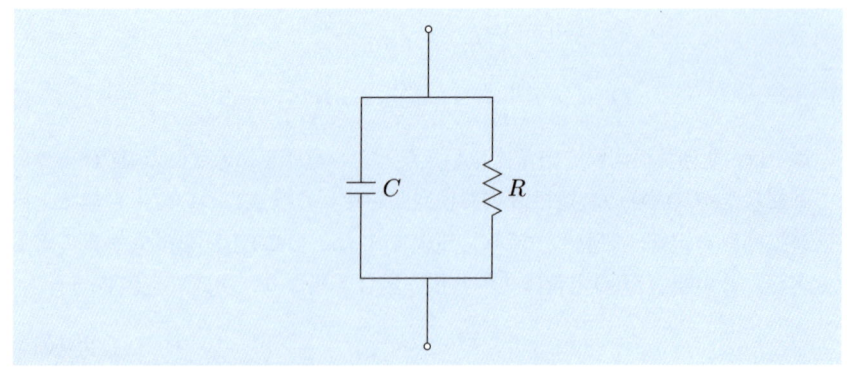

図 8.12 キャパシタの等価回路

8.3 回路の Q とエネルギ

(c) キャパシタの Q

インダクタンス同様，キャパシタについても，図 8.12 に示すキャパシタの等価回路についてエネルギ評価をすることで，以下の定義式を導出することができる．

$$Q = \omega CR \tag{8.20}$$

■ **例題 8.3**

キャパシタの Q が式 (8.20) で示されることをエネルギについての評価式 (8.16) から導出せよ．

【解答】キャパシタに加わるピーク電圧を V とすると，蓄積される静電エネルギは，

$$\frac{1}{2}CV^2$$

一方，一周期の間に抵抗分 R で消費されるエネルギは

$$\frac{1}{R}\int_0^{2\pi/\omega} |V\sin(\omega t)|^2 dt = V^2 \frac{\pi}{R\omega}$$

両者の比を求め 2π 倍すると，$Q = \omega CR$ を得る

以上のように，共振回路を構成するインダクタンスおよびキャパシタ単体の Q を向上させることで共振回路内の損失を低くし，共振回路としての Q を高めることができ，通信機などの周波数選択特性を向上させることができる．■

8.4 交流ブリッジ

前節では,共振回路などに用いられるキャパシタや,インダクタの性能を評価する基準として Q を定義したが,実際にキャパシタやインダクタを使用する場合には,キャパシタの静電容量やインダクタのインダクタンス値と同時に,損失表現としての抵抗分をも実験的に評価する必要がある.

このような目的で,未知のインピーダンス値,あるいはその等価表現としての L, C, R を実験的に求めるのには,交流ブリッジを用いることができる.

図 8.13 は交流ブリッジの基本回路を示す.

E は交流電圧源を,V は検流計を表す.インピーダンス $z_1 \sim z_4$ のうち,3 つは既知である必要があるが,どれか 1 つはインピーダンスの実部,虚部とも未知であってよい.

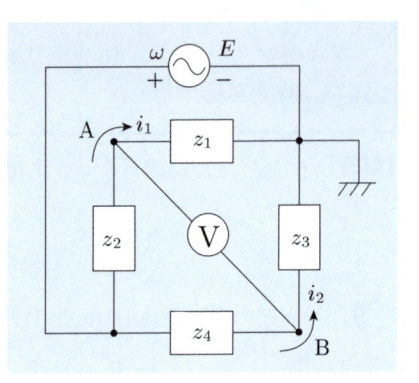

図 8.13 交流ブリッジの基本回路

では,この回路について,平衡条件を求めてみよう.まず,A, B 点の電位を求め,両者を等値してみる.

$$V_A = i_1 z_1 = z_1 \frac{E}{z_1 + z_2} \tag{8.21}$$

$$V_B = i_2 z_3 = z_3 \frac{E}{z_3 + z_4} \tag{8.22}$$

以上より,平衡条件は,

$$\frac{z_1}{z_1 + z_2} = \frac{z_3}{z_3 + z_4} \tag{8.23}$$

すなわち平衡条件は次式で与えられる.

$$z_2 z_3 = z_1 z_4 \tag{8.24}$$

特に,$z_2 = R_2$, $z_3 = R_3$, $z_1 = R_1 \mathbin{/\mkern-6mu/} \dfrac{1}{j\omega C_1}$ を既知とし,z_4 を未知のインピーダンス:$R + j\omega L$ とした構成は,**マクスウェル・ブリッジ**と呼ばれ,可変容量 C_1 と可変抵抗 R_1 を調整して平衡状態を確保することで,未知のコイルのインダクタンス L と等価抵抗 R を同時に求めることができる.

8 章 の 問 題

☐ **1** 右図の 2 端子回路の共振角周波数および反共振角周波数を求め，リアクタンス線図の概形を示せ．

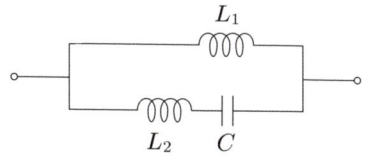

☐ **2** 測定する周波数が 0 から無限大まで変化するとき，左下の回路の端子 A-B 間のインピーダンスは複素平面上どのような軌跡を描くか．概略図示せよ．

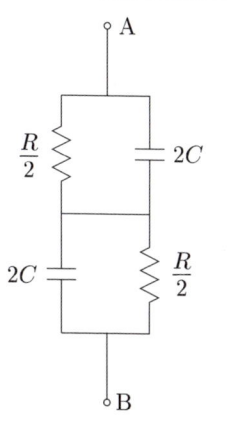

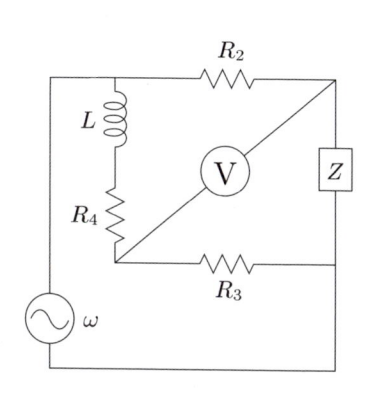

☐ **3** 右上の交流ブリッジ回路（マクスウェル・ブリッジ）において，Z は未知の静電容量と，それに並列な等価損失抵抗によって表現されるキャパシタである．電源の角周波数が ω のとき，ブリッジは平衡した．このキャパシタの容量および Q 値を求めよ．

☐ **4** 測定角周波数 ω_1 において，右図の回路 (A) は $Q = Q_c$ のキャパシタを，(B) は $Q = Q_L$ のコイルを等価回路表示したものである．
  (a) 回路 A, B を並列接続したときの反共振周波数を求む（両素子の Q は十分に大）．
  (b) 回路 A, B を直列接続した回路のインピーダンス軌跡の概略を図示せよ．ただし $Q_C \gg 1$ として近似せよ．

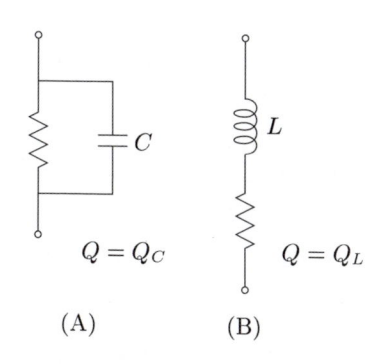

第9章

変 成 器

電気回路を構成する受動要素には抵抗，キャパシタンス，インダクタンスのほかに，変成器（transformer）がある．変成器（変圧器）は，街中の柱上トランスなどの例に見るように，交流で電力を送る際に電圧を上げたり下げたりし，電力を効率良く送るためにはなくてはならない要素である．

また，通信分野で，高周波の電力を効率良くアンテナに供給する場合や，各種電気機器の感電を防ぐ目的などにも，変成器は幅広く用いられている．本章では，フェーザ表現された電流・電圧に対する変成器の効果を表す基本的な方法について述べる．

9.1 フェーザに対する変成器の効果
9.2 理想トランスとインピーダンス変換機能
9.3 T形等価回路

9.1 フェーザに対する変成器の効果

一次側と二次側にそれぞれ N_1 回, N_2 回の巻き線を有する典型的な変成器は, 図 9.1 に示す記号で表される. 2 つの巻き線の間に描かれた縦の二重線は, コイルとコイルの間を結合する磁束を増やす目的で挿入される磁性材料の存在を示すが, 高い周波数で用いるトランスでは後述する理由で省かれ, 記号上も二重線を入れない.

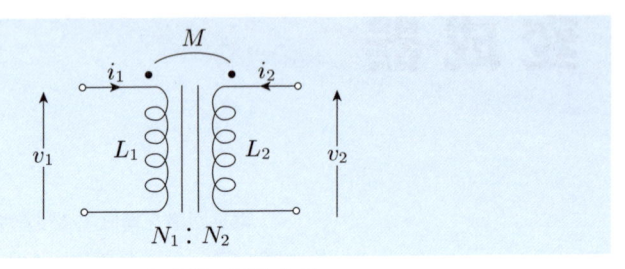

図 9.1 変成器の回路表示

さて, このように 2 つの巻き線からなる変成器の一次側のコイルに, 時間的に変化する電流を流すと, 第 5 章式 (5.13) で述べたようにコイルの両端には,

$$v_1(t) = L_1 \frac{di_1}{dt} \tag{9.1}$$

なる逆起電力が発生する. このときの自己インダクタンス L_1 は, 巻き数 N_1 の 2 乗に比例する. なぜならば, コイルによって生成される磁界強度 H は巻き数に比例し, また, 磁束密度 $B = \mu H$ によって関係付けられる磁束数の時間的変化で発生するコイル両端の電圧自体も, 同じ磁束条件のとき巻き数に比例する. この一次コイルの電流変化→磁束数の変化→一次コイルの逆電圧生成という一連の過程の中で, 一次コイル電流の変化に伴う磁束数の変化は, 二次側のコイルにも起電力を生じる.

いま, 一次側と二次側のコイルの巻き数が等しく $N_1 = N_2$ だったと仮定し, コイル #1 を貫く磁束が全てコイル #2 を貫く場合には, コイル #2 にも式 (9.1) と同じ電圧 $v_2(t) = v_1(t)$ が誘起される. 逆に, #2 に流れる電流の変化も #1 に起電力を発生させるため, コイル #1 には 2 つの電流の変化に伴う起電力の和として以下の電圧が発生する.

9.1 フェーザに対する変成器の効果

$$v_1(t) = L_1 \frac{di_1}{dt} + L_1 \frac{di_2}{dt} \tag{9.2}$$

ところが,実際には,コイル#1 と #2 を共通に貫く磁束の割合は 100％ではない.この割合を結合係数 k で表す.また,コイルの巻き数が $N_1 = N_2$ とならない場合には,上式第 2 項が発生する電圧は,磁束の発生部のみの効果として $\frac{N_2}{N_1}$ 倍になる.よって,式 (9.2) は以下のようになる.

$$v_1(t) = L_1 \frac{di_1}{dt} + k\frac{N_2}{N_1} L_1 \frac{di_2}{dt} \tag{9.2'}$$

この第 2 項の係数:$k\frac{N_2}{N_1}L_1$ を改めて**相互インダクタンス** (mutual inductance;単位はヘンリー) M で表すことにする.すなわち,

$$v_1(t) = L_1 \frac{di_1}{dt} + M \frac{di_2}{dt} \tag{9.3}$$

$$M = k\frac{N_2}{N_1} L_1 \tag{9.4}$$

また,コイル#2 の巻き数が N_1 から N_2 に変わったことで,コイル#2 の自己インダクタンス L_2 は $\left(\frac{N_2}{N_1}\right)^2$ 倍になる.すなわち

$$L_2 = L_1 \left(\frac{N_2}{N_1}\right)^2 \tag{9.5}$$

式 (9.4) に (9.5) の関係を代入すると,以下のように相互インダクタンスを 2 つの自己インダクタンスと,k のみで表現することができる.

$$M = k(L_1 L_2)^2 \tag{9.6}$$

式 (9.3) はコイル#1 の端子電圧のみを表しているが,コイル#2 についても同じ M を用いて次式のように表される.

$$v_2(t) = L_2 \frac{di_2}{dt} + M \frac{di_1}{dt} \tag{9.7}$$

すなわち,式 (9.3), (9.7) および式 (9.6) によって,2 巻き線変成器の電流と電圧の関係を時間関数として表現することができる.

このように表される変成器に正弦波交流を加えた場合には,式 (9.3), (9.7) 第 1 項に現れる自己インダクタンスの効果は,第 7 章式 (7.10) と同様,微分の操作をそれぞれ $j\omega L_1$, $j\omega L_2$ のように置き換えればよい.また,式 (9.3), (9.7)

の第2項の相互インダクタンスについても，$j\omega M$ で記述することができる．
以上を整理すると，

---**2巻き線変成器の基本式**---

フェーザ表現された交流電圧・電流に関して，結合係数を k とする2巻き線変成器の効果は以下のよう記述される．

$$M = k(L_1 L_2)^2 \tag{9.6}$$

$$\boldsymbol{v}_1 = j\omega L_1 \boldsymbol{i}_1 + j\omega M \boldsymbol{i}_2 \tag{9.8}$$

$$\boldsymbol{v}_2 = j\omega L_2 \boldsymbol{i}_2 + j\omega M \boldsymbol{i}_1 \tag{9.9}$$

なお，上式で，結合係数は $-1 \sim +1$ の間の値をとるが，特に負の場合には，片方の電流の増加がほかのコイルに負の電位を発生させるようにコイルの巻く向きが逆転していることを意味し，回路記号上は片方の上方に黒丸を付し，逆の巻き線には下方に黒丸を付けることで区別する．特に極性にこだわらない場合には黒丸は省略される場合が多い．式 (9.6) で $|k|=1$ の場合は，**密結合変成器**（tightly coupled transformer）と呼ばれる．実際の変成器，特に鉄心を用いない高周波トランスにあっては，完全に漏れ磁束を排除することが困難なため $|k|$ を1に近付けるのは容易ではない．

9.2 理想トランスとインピーダンス変換機能

通信機や信号処理回路の中で重要なのは，変成器のインピーダンス変換能力である．本節では，このような処理系を考えるうえで重要な**理想変成器**（ideal transformer）の性質，特にインピーダンス変換機能について述べる．

理想変成器は，前節でも触れた密結合変成器の中で，特に次の性質を持つ変成器のことを理想変成器または，理想トランスと呼ぶ．

> **理想変成器の性質**
>
> $$v_1 = \frac{N_1}{N_2} v_2 \tag{9.10}$$
>
> $$i_1 = \frac{N_2}{N_1} i_2 \tag{9.11}$$
>
> ただし，N_1, N_2 は各々一次側，二次側の巻き数，v_1, v_2 は各々一次側，二次側の電圧，i_1, i_2 は各々一次側，二次側の電流を表す．k が $+1$ の場合には，入力側と出力側の電圧どうし，あるいは電流どうしは同位相なので，フェーザ表現した場合にも上式はそのまま成立する．

式 (9.1), (9.2) が同時に成立する場合，両式を各辺ごとに掛け算すると，$v_1 i_1 = v_2 i_2$ の関係が得られる．すなわち，理想変成器では，入力側で供給される電力と出力側で取り出される電力が等しいという，エネルギ保存の関係を表している．以上のことから，理想変成器に要求される物理的な条件として以下の項目が必須である．

> (1) 密結合変成器（$k = 1$）であること
> (2) 無損失であること

では，これだけの条件で，理想に近い変成器が構成できるかというと，実際には，もう 1 つ考慮しなければならない条件がある．いま，60 Hz の商用交流の電圧を 6,000 V から家庭用の 100 V に下げる柱上トランスの例を考えてみよう．重量を軽くするために，高周波用（例えば 100 MHz 用）の空芯の変成器（巻き数比 60 : 1）を使った場合どのようなことが起こるであろうか．おそらくコイルは黒焦げになるか，変電所のブレーカが落ちる結果になるであろう．

この理由を考えるために式 (9.8) に戻ってみよう．まず，二次側の負荷を開放として第 2 項がゼロの場合を考える．この場合，第 1 項で一次側のコイルに発生する逆起電力は，入力電圧に見合う電圧とならなければならないが，60 Hz の商用交流では ω は高々 120π であり，空芯の 100 MHz 帯の変成器では L_1 は数 $10\,\mu\mathrm{H}$ にしかならない．従って，ωL_1 は数 $\mathrm{m}\Omega$ ということで流れる電流は数万 A を越える．

ωL が十分大きな値であれば，僅かな電流が電圧と 90 度の位相差をもって流れるだけなので，無効電力は発生しても実質的な電力消費は起こらないが，電流自体が膨大な場合，導体が発熱で溶融してしまう．そのようなことが起こらないように，実際の変成器を理想変成器に近付けるためには，先の 2 条件のほか，

> (3) ωL が外部に接続される回路のインピーダンスよりも，十分に高いこと．

という条件を加える必要がある．このような条件では式 (9.8) の第 2 項にある ωM も十分な大きさを保つことができ，一次，二次コイル間の磁気的結合による電力伝送も十分に行うことが可能になる．高周波用の変成器では，ω が十分に大きいため，小さい L の空芯でもエネルギの伝達が可能である．反対に，高周波用の変成器に低周波用の磁性材料を挿入すると，今度は損失が大きくなりすぎ上述 (2) の条件を満たさないことになる．高周波で，ある程度 L を大きくしたり k を 1 に近付けるには，十分に損失の少ないフェライト材料が磁芯として用いられるが，100 MHz 以上になると十分な透磁率を得ることは困難になる．

ここで，理想変成器の条件 (1)〜(3) が満たされる場合についてインピーダンスの変換機能を考える．図 9.2 のように変成器の二次側にインピーダンス Z_L の負荷が接続されているとき，まず，変成器の二次側については以下の関係が成り立つ．

$$\boldsymbol{v}_2 = Z_L \boldsymbol{i}_2 \qquad (9.12)$$

この関係を式 (9.10) に代入すると，次の関係が得られる．

$$\boldsymbol{v}_1 = \frac{N_1}{N_2} \boldsymbol{i}_2 Z_L \qquad (9.13)$$

この式の両辺をそれぞれ式 (9.11) の対応辺で割ると，一次側で観測されるインピーダンスを Z_i を求めることができる．

9.2 理想トランスとインピーダンス変換機能

$$Zi = \frac{v_1}{i_1} = \left(\frac{N_1}{N_2}\right)^2 Z_L \tag{9.14}$$

以上のように，理想変成器では巻き数比の 2 乗のインピーダンス変換機能が実現される．

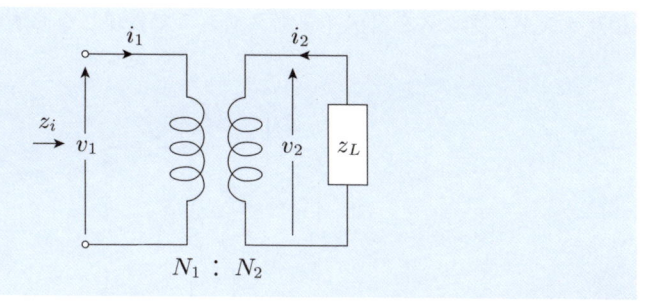

図 9.2 理想変成器によるインピーダンス変換

オーディオアンプ出力部のインピーダンス変換

かつてオーディオ用増幅器として真空管が全盛の時代，真空管の出力インピーダンス（通常数 $k\Omega$）を，スピーカの入力インピーダンス（通常 $4〜16\Omega$）と整合させ，直流分を除去するために出力トランスが汎用された．この場合，3 桁のインピーダンス比を実現するため，巻き数比は 30：1 程度になる．今日，出力インピーダンスの低い半導体回路の出現により出力トランスの使用は必須ではなくなったが，今なお，一部のオーディオマニアで愛用されている真空管式アンプでは存在感の大きい部品である．（写真の中央に二つある黒色部：写真提供　関晴之氏）

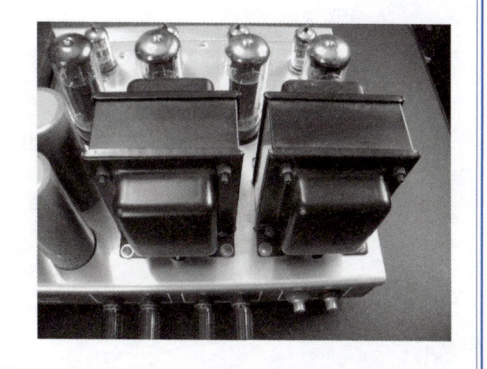

9.3　T形等価回路

複雑な回路について，キルヒホフ則などを用いて解析を行う際，式 (9.8), (9.9) の連立方程式の存在は，解析の統一性を欠き表現が煩雑となる．そこで，図 9.3(a) のように，一次側と二次側の片方がつながっている**共通帰線変成器**については，相互インダクタンスを自己インダクタンスで表現しなおすことを考える．

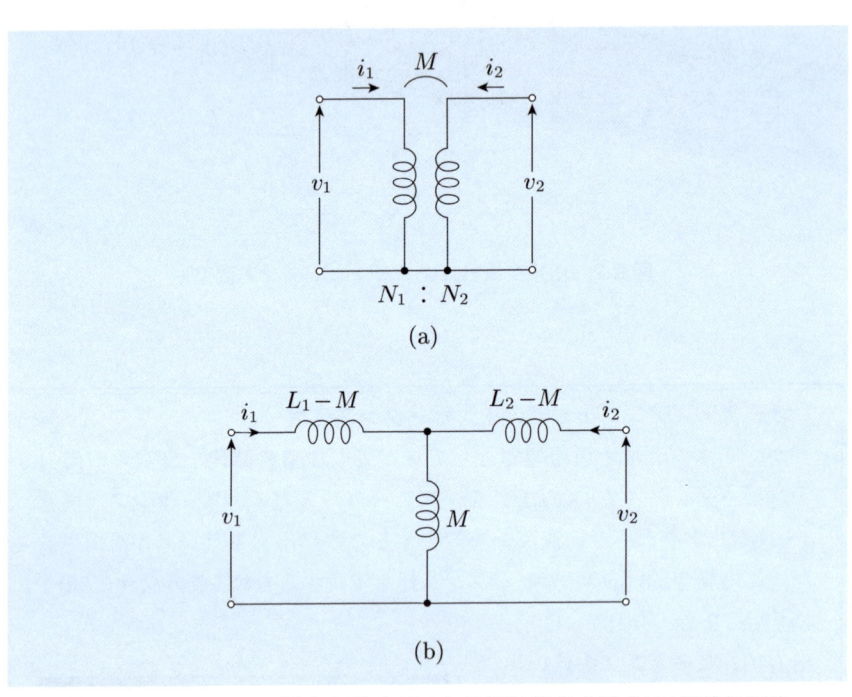

図 9.3　変成器の T 形等価回路表示 (a) 共通帰線変成器 (b)T 形等価回路

まず，図 (a) について変成器の基本式 (9.8) を変形してみる

$$\begin{aligned}
\bm{v}_1 &= j\omega L_1 \bm{i}_1 + j\omega M \bm{i}_2 \\
&= j\omega(L_1 - M)\bm{i}_1 + j\omega M \bm{i}_1 + j\omega M \bm{i}_2 \\
&= j\omega(L_1 - M)\bm{i}_1 + j\omega M(\bm{i}_1 + \bm{i}_2) \tag{9.8'}
\end{aligned}$$

同様に，

9.3 T形等価回路

$$v_2 = j\omega L_2 i_2 + j\omega M i_1$$
$$= j\omega(L_2 - M)i_2 + j\omega M(i_1 + i_2) \tag{9.9'}$$

上式を表現する回路として，図 9.3(b) の回路を考えてみよう．上式の第 2 項に現れる $(i_1 + i_2)$ は，図 (b) の M に両サイドから流れ込む電流と解釈でき，それに，入力側では形式的にインダクタンス $(L_1 - M)$ に流れる電流が作る起電力が加わり，出力側では $(L_2 - M)$ に流れる電流による電圧分を加えるという表現になっている．

以上のように，もともとの変成器で相互インダクタンスを表していた M と同じ値の自己インダクタンスを改めて M と書き，仮想的なインダクタンス $(L_1 - M)$ および $(L_2 - M)$ を想定することで，図 9.3 の (a) と (b) は同じ機能を果たすこととなる．ここまでの導出過程では，密結合や理想変成器であるという条件は用いていないので，共通帰線を仮定しても回路の状態が変わらないケースについては幅広くこの等価回路を使用することができる．

なお，上記で想定したインダクタンス $(L_1 - M)$ および $(L_2 - M)$ のどちらかは通常，負の値をとることになるため，物理的にそのようなインダクタンスを回路要素として実現できるということではなく，あくまでも計算の都合上置き換えが可能であるだけだという点には注意を要する．

9 章 の 問 題

☐ **1** 下図は巻数比 1：3 の理想変成器の一次側に実効電圧 V_0 周波数 f_0 の交流電圧源が接続され、二次側に容量 C のコンデンサが接続されている回路を表す．

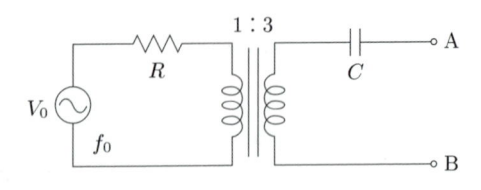

  (a) 上記回路の端子 A, B の開放電圧（実効値）を求む．
  (b) 端子 AB から左側の回路を一個の電流源とこれに並列なアドミタンスによって表現せよ．

☐ **2** 下図の理想変成器で $Z_{\text{in}} = 50\,\Omega$ となる M を求め，T 型等価回路表示せよ．ただし $L_2 = 300\,\text{mH}$, $k = 1$ とする．

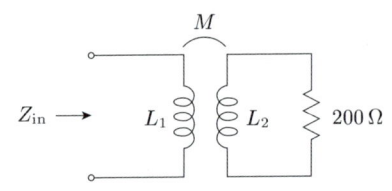

☐ **3** ある理想変成器の一次側に実効値 1 A の交流定電流源を接続し，二次側の端子の短絡電流を測定したところ，実効値 2 A であった．今度は同じ変成器の一次側に角周波数 $\omega\,\text{rad/sec}$ の交流定電圧源と，インダクタンス L_1 H のコイルおよび抵抗値 $R_1\,\Omega$ の抵抗器を全て直列に接続する．この変成器の二次側に最適な負荷を接続して最大の電力を取り出すことを考える．このとき必要な負荷の具体的な素子構成を図示し，各素子値を定めよ．

☐ **4** 右図の無損失密結合変成器において，$L_2 = 4L_1$ なる関係が成り立つものとする．このとき，以下の問に答えよ．

  (a) 相互インダクタンス M を L_1 を用いて表現し，この変成器の T 型等価回路を示せ．
  (b) 上記変成器が理想変成器と見なされるために加えるべき条件を記せ．
  (c) 理想変成器条件が満たされるとき，この変成器の二次側に，内部抵抗 $R\,\Omega$，開放電圧 EV，角周波数 $\omega\,\text{rad/sec}$ の交流定電圧源を接続し，この変成器の一次側から電力を取り出す場合を考える．このとき，一次側端子の電源としての等価回路を一個の定電流源とそれに並列なアドミタンスで表示せよ．

第10章

節点電位法

　電気回路の各部を流れる電流や各節点間の電圧は，基本的にはインピーダンスに拡張された広義のオーム則およびキルヒホフの電流則・電圧則を使えば決定できる問題ではあるが，回路の規模が大きくなった場合には，必要十分な数のキルヒホフ則を書き出すことは容易ではない．KVL, KCL を，やみくもに書き出した場合，ともすれば冗長な式を含み，結果，未知数を決定するのに十分な式が揃わないケースもありうる．

　本章では，大規模な回路の解析をコンピュータで実行することを想定し，必要十分な数の式を効率的に書き出していく手法の1つ，節点電位法について述べる．

10.1　節点方程式
10.2　スーパー・ノードの扱い

第10章 節点電位法

10.1 節点方程式

節点電位法では，回路中の任意の1節点（ノード；node）を基準点とし，ほかの節点の電位は，この基準点から測った電位で表現する．この節点電位についてキルヒホフの電流則（KCL）のみを適用して式を書き出していく．このようにして書き出される式を**節点方程式**（nodal equations）と呼ぶ．

以下，図10.1の単純な回路を例に，未知数としての節点電位の決め方，式のたて方についてみていこう．なお，例では簡単のために直流回路としているが，抵抗をインピーダンスに，電源を交流電源に置き換えることで，以下の議論は全て交流回路にも適用可能である．

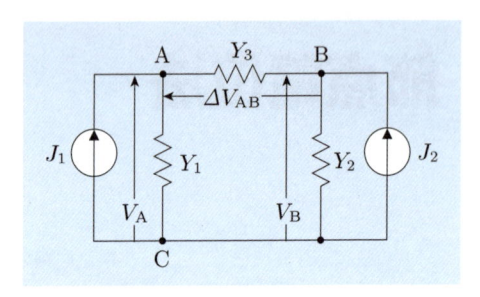

図10.1 節点電位の決め方

回路中の節点 A, B, C 間の電位差を各々 ΔV_{AB}, ΔV_{BC}, ΔV_{CA} とする．ここに，Δ_{AB} は節点 B を基準とした節点 A の電位を表すものとする．これらを未知数とした場合，キルヒホフの電圧則（KVL）に従えば以下の式が成り立つ．

$$\Delta V_{AB} + \Delta V_{BC} + \Delta V_{CA} = 0 \tag{10.1}$$

すなわち，$\Delta V_{AB} = -\Delta V_{CA} - \Delta V_{BC} = \Delta V_{AC} - \Delta V_{BC}$ という関係を用い，未知パラメータ数を1減らすことができる（添え字が逆になることで，符号が逆転する点に注意）．

ここで，未知数の決め方を工夫して，節点の1つ，例えば節点 C を基準として，ほかの電位はこの基準点との電位差で表現することを考える．

$$V_A = \Delta V_{AC}, \quad V_B = \Delta V_{BC} \tag{10.2}$$

上式のように未知数を決めると，節点 A および B についての電流則（KCL）をそれぞれ以下のように記述することができる．

$$節点 A: \quad Y_1 V_A + Y_3(V_A - V_B) = J_1 \tag{10.3}$$

$$節点 B: \quad Y_2 V_B - Y_3(V_A - V_B) = J_2 \tag{10.4}$$

10.1 節点方程式

上の2本の式には,未知数が2個含まれるのみなので,両式を連立させることで2つの未知電位 V_A, V_B を決定することができる.

上述の方法では,KVL は明示的には適用されていない.しかしながら KCL を表す式 (10.3), (10.4) では,隣接節点 A–B 間の電位 $\Delta V_{AB} = \Delta V_{AC} - \Delta V_{BC}$ を算出する際に,式 (10.1) の KVL を暗に用いている

一般に,n 個の節点を有する回路について,1点を基準としてほかの節点の電位を全て未知数に設定することで $n-1$ 本の独立した KCL をたてることができ,その過程で KVL は自動的に満たされる.なお,$n-1$ 点の電位を全て独立な未知数として設定しなければならないので,各節点間の電位を既知としてしまう「電圧源」は排除する必要がある.

このようにして得られる,節点方程式は以下のようになる.

$$
\begin{aligned}
Y_{11}V_1 + Y_{12}V_2 + \cdots + Y_{1\,n-1}V_{n-1} &= J_1 \\
Y_{21}V_1 + Y_{22}V_2 + \cdots + Y_{2\,n-1}V_{n-1} &= J_2 \\
\vdots \qquad \vdots \qquad \vdots\;\vdots \qquad + \\
Y_{n-1\,1}V_1 + Y_{n-1\,2}V_2 + \cdots + Y_{n-1\,n-1}V_{n-1} &= J_{n-1}
\end{aligned}
\tag{10.5}
$$

ここで,Y_{ij} は節点 i と節点 j 間のアドミタンスに負号を付したものである.KCL の左辺では,各節点から流出する電流方向をプラスとし,右辺は,節点に流入する電流を表し,流入方向をプラスとしている.

式 (10.5) を行列表示すると,以下のようになる.

$$[Y]V = J \tag{10.6}$$

ここで,$[Y]$ は式 (10.5) の左辺のアドミタンス係数からなる $n-1$ 行 $n-1$ 列の正方行列で,対角要素 Y_{ii} は i 番目の節点に接続されているアドミタンスの総和を表している.V は未知の節点電位からなる電位ベクトル,J は流入電流を要素とする電流ベクトルを表す.

式 (10.6) はコンピュータで $[Y]$ の逆行列を求めることで,電位ベクトルの解を得ることができる.

以下に,節点電位法の要点をまとめる.

第 10 章 節点電位法

> **節点電位法のまとめ**
>
> 未知数：基準点に対するほかの節点電位 $V_1 \sim V_{n-1}$
> 方程式：各節点について KCL を適用 $n-1$ 本
> 適用条件：全ての枝は電圧源を含まないこと（含む場合は電流源に変換）

■ **例題 10.1**

図 10.2 に示す回路について節点方程式をたて，行列表示せよ．ただし，R は抵抗値を，G は各抵抗のコンダクタンスを表すものとする．

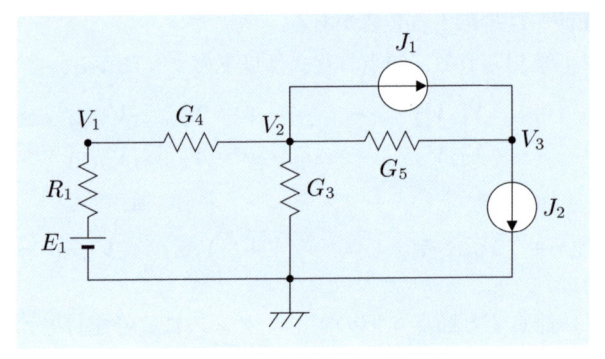

図 10.2 節点電位法の適用例

【解答】 まず，R_1 と E_1 の直列回路を電流 $\dfrac{E_1}{R_1}$ の電流源に置き換え，電圧源を排除する．次に，各節点 V_1, V_2, V_3 について，KCL をたてる．

$$V_1 : \quad \frac{1}{R_1}V_1 + G_4(V_1 - V_2) = \frac{E_1}{R_1}$$
$$V_2 : \quad G_4(V_2 - V_1) + G_3 V_2 + G_5(V_2 - V_3) = -J_1$$
$$V_3 : \quad G_5(V_3 - V_2) = J_1 - J_2$$

以上を整理すると，以下の行列表示を得る．

$$\begin{bmatrix} \dfrac{1}{R_1} + G_4 & -G_4 & 0 \\ -G_4 & G_3 + G_4 + G_5 & -G_5 \\ 0 & -G_5 & G_5 \end{bmatrix} \begin{bmatrix} V_1 \\ V_2 \\ V_3 \end{bmatrix} = \begin{bmatrix} \dfrac{E_1}{R_1} \\ -J_1 \\ J_1 - J_2 \end{bmatrix}$$

10.2　スーパー・ノードの扱い

　前節で述べた節点電位法を適用する場合には，前提条件として各接点間には電位差を前もって確定するような電圧源を含まないものとしてきた．これは，各節点の電位は未知数として扱う際に，2つの節点間の電位差を前もって規定してしまうことにより自由度が不足することになり，一意の解の存在が保障されなくなるからである．しかしながら，実際に解析が必要な回路の中には電圧源を含む回路も多数存在する．このような場合，節点電位法はどのようにして適用すればよいだろうか．

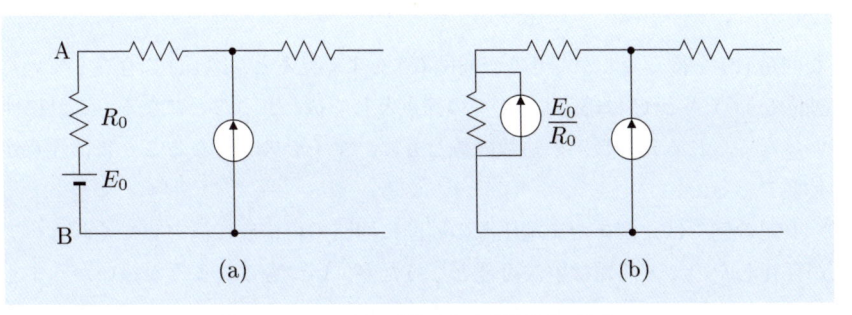

図 10.3　テブナン則による電圧源の除去

　まずは，簡単な場合から考えてみよう．図 10.3(a) では，節点 A と節点 B との間に起電力 E_0 の定電圧源と抵抗 R_0 が直列に入っている．このような場合には，すでに第 3 章で述べたノートンの定理を用いて，同図 (b) のようにコンダクタンスが $\frac{1}{R_0}$（抵抗値は R_0）の抵抗器と電流値 $\frac{E_0}{R_0}$ の定電流源を並列接続した回路で，AB 間を置き換えればよい．

　このように，電圧源とペアになる抵抗器がうまく見つかる場合は，機械的に電圧源⇒電流源の置き換えで問題の解決をはかることができるが，図 10.4(a) に示す例のように，E_0 とペアとなる抵抗が見当たらない場合にはどうすればよいであろうか？　この場合には多少の工夫が必要となる．同図 (b) に示すように，まずは電流源 I_1 と R_1 のペアを，いったん電圧源に戻してみる．

　そうすると，問題の回路には 2 つの電圧源と抵抗器 R_1 が直列な回路になり，前の例と同じように，これらの直列電圧源と R_1 をペアにして電流源のみを含

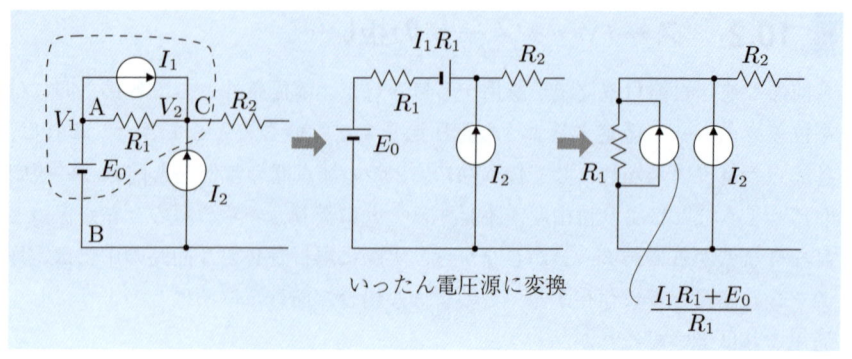

図 10.4 ペア抵抗が単独では得られない場合

いったん電圧源に変換

$\dfrac{I_1 R_1 + E_0}{R_1}$

む回路 (c) を得ることができる．同図 (c) をよく見ると，図 (a) に存在していた独立な節点 A と C は縮退し，1 つの節点として扱われることになる．これに伴い，たてられる式の数，未知数の数ともに，マイナス 1 となることには注意が必要である．

上記の例では，たまたま電圧源の周囲に回路の再構成に協力してくれるペアが存在したので，問題は解決可能となったが，いつもこのような扱いがうまくゆくという保障はない．節点間の電位差が事前に規定されている問題をより一般的に処理するのが，次に述べるスーパー・ノードの扱いである．

図 10.5 の回路に節点方程式を適用する場合を考えてみよう．節点 A と C との間には，節点間電位を規定してしまう電圧源 E_0 が挿入されている．このよ

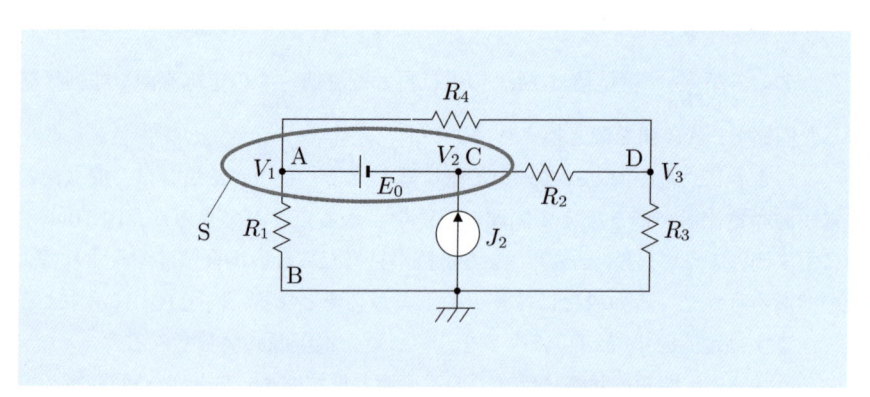

図 10.5 スーパー・ノード (S) の適用

10.2 スーパー・ノードの扱い

うな場合に,節点 A と C は独立ではないということを受け入れ,同図点線 S で囲む範囲を等価的な節点として扱う.この S で囲まれた部分を**スーパー・ノード**(super node)と呼ぶ.図 10.5 の閉曲面 S の内部には電荷を蓄積する要素はないので,この曲面を出入りする電流の総和はゼロとなる.すなわち,今まで扱ってきたキルヒホフの電流則 (KCL) では,ひとつひとつの節点への電流の流入・流出を考えてきたが,節点の概念を拡張し,閉曲面で囲まれた節点集合をひとまとめにして,電流の流入・流出を考えればよいということになる.

このスーパー・ノードの概念を使ってキルヒホフの電流則を書き出してみよう.

$$\frac{v_1}{R_1} - J_2 + \frac{v_2 - v_3}{R_2} + \frac{v_1 - v_3}{R_4} = 0$$
$$\frac{v_3}{R_3} + \frac{v_3 - v_2}{R_2} + \frac{v_3 - v_1}{R_4} = 0 \tag{10.7}$$

上式の上の 1 本が S より流出する電流総和がゼロであることを表す.2 番目の式は,通常の節点 D についての KCL である.

以上の KCL を未知数である節点電位 v_1, v_2, v_3 について整理すると次式を得る.

$$\left(\frac{1}{R_1} + \frac{1}{R_4}\right)v_1 + \frac{1}{R_2}v_2 - \left(\frac{1}{R_2} + \frac{1}{R_4}\right)v_3 = J_2$$
$$-\frac{1}{R_4}v_1 - \frac{1}{R_2}v_2 + \left(\frac{1}{R_2} + \frac{1}{R_3} + \frac{1}{R_4}\right)v_3 = 0 \tag{10.8}$$

上式を見ると,未知数が 3 つで,式は 2 本しかない.しかし,スーパー・ノード S の内部についてみると,電圧源の存在により,未知数 v_1, v_2 については以下の従属関係が成り立つ.

$$v_1 - v_2 = E_0 \tag{10.9}$$

この式はキルヒホフの電圧則に相当する.

以上の式 (10.8), (10.9) を合わせて整理すると,以下のように完全な節点方程式の行列表現を得ることができる.

$$\begin{bmatrix} \frac{1}{R_1} + \frac{1}{R_4} & \frac{1}{R_2} & -\left(\frac{1}{R_2} + \frac{1}{R_4}\right) \\ -\frac{1}{R_4} & -\frac{1}{R_2} & \frac{1}{R_2} + \frac{1}{R_3} + \frac{1}{R_4} \\ 1 & -1 & 0 \end{bmatrix} \begin{bmatrix} V_1 \\ V_2 \\ V_3 \end{bmatrix} = \begin{bmatrix} \boldsymbol{J}_2 \\ 0 \\ \boldsymbol{E}_0 \end{bmatrix} \tag{10.10}$$

10 章 の 問 題

☐ **1** 下図の回路の電位 V_1, V_2, V_3 について節点方程式を求め行列表示せよ．ただし R は抵抗値を，G はコンダクタンスの値を，J は電流値を，また E は電圧値をそれぞれ表すものとする．

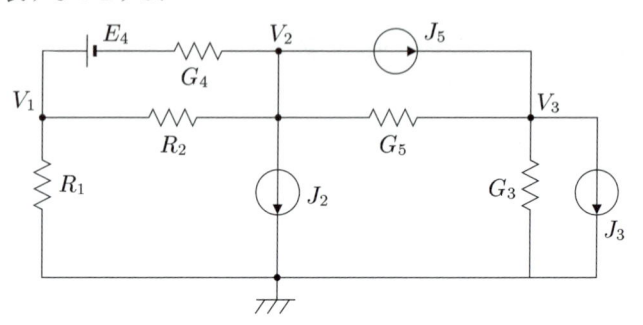

☐ **2** 下の回路の電位 V_1, V_2, V_3 について節点方程式を求め行列表示せよ．ただし R は抵抗値を，G はコンダクタンスの値を，J は電流値を，また E は電圧値をそれぞれ表すものとする（ヒント：電圧源を含む最小単位を super node とし，内部では KVL を適用）．

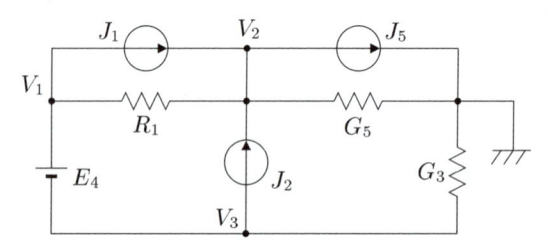

第11章

閉路解析とグラフ

　前章では，キルヒホフの電流則を中心に回路解析を進めていく方法について述べたが，本章では，見かけ上キルヒホフの電圧則（KVL）を中心に回路解析を進めていく**閉路解析**の統一的な方法を扱う．そのための準備として，電気回路をグラフとして扱うグラフ理論の初歩についても触れる．

11.1　電気回路のグラフ表現
11.2　基本閉路

11.1　電気回路のグラフ表現

前節まで，回路は抵抗とかキャパシタなど，構成する要素の特性を考慮して扱ってきたが，グラフ理論では個々の素子の属性は全て無視し，これらを線分で置き換え，その接続関係のみを扱う．この線分のことを**枝**（edge）と呼び，線分の接続を表す点を**節点**（node）と呼ぶ．この枝と節点から構成される図形を**グラフ**（graph）と呼ぶ．グラフというと通常は棒グラフや円グラフなど様々な図式表現を意味するが，グラフ理論では上記の定義のように点とそれを結ぶ線の関係以外の何ものでもない．

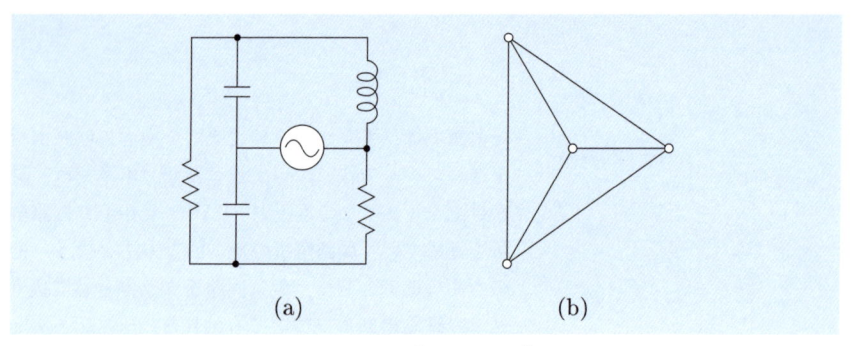

図 11.1　回路のグラフ表現

いま，図 11.1(a) に描かれた回路図をグラフ表現すると，同図 (b) のようにグラフとして表現される．各節点の位置や線分の形は問題にせず，それらの接続関係だけを論じることになる．グラフ理論は，通信網やライフラインの設計などにも利用され広い応用分野を持つが，ここでは電気回路の閉路解析に必要な最小限の用語を定義しておこう．

閉路（loop）：ある節点から幾つかの枝を通って元の節点へ戻る，交差のない経路．
連結（connected）：グラフの任意の 2 節点間に，グラフの枝を通る少なくとも 1 つの経路が存在するとき，グラフは「連結である」という．
節点の次数（degree）：1 つの節点に接続されている枝の数．
部分グラフ（subgraph）：元のグラフから幾つかの枝を取り外したグラフ．
木（tree）：グラフに含まれる全ての節点を通り，閉路のない連結なグラフ．

11.1 電気回路のグラフ表現

一般に節点数 n のグラフの木は $n-1$ 個の枝から構成される.

補木（co-tree）：1つの木を決めたとき，その木に含まれない枝のみから構成される部分グラフ．なお，補木を構成する枝数 c は，グラフ全体の枝数 p から木の枝数を差し引いた数なので，$c = p - n + 1$ 個となる．

■ **例題 11.1**

図 11.1(b) のグラフについて，木と補木を定めよ．また，任意のグラフについて，補木の両端は必ず木に接続していることを示せ．

【解答】 図 11.2(a) に解の 1 つを示す．実線が木で，点線が補木となる．なお，木の採り方には任意性があり，同図 (b) のような解も存在する．

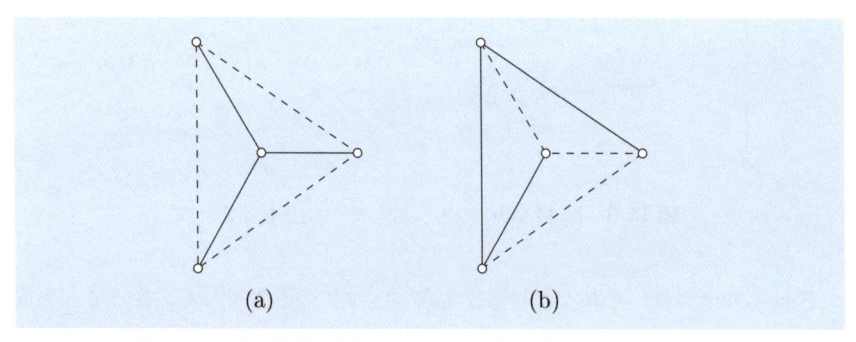

図 11.2 木と補木の採り方．実線が木，点線が補木を表す．

任意のグラフについて，もし，木に接続していない補木があるとすると，その非接続部の節点は，「全ての節点を通る」という木の定義に反するので，補木の両端は必ず木に接続している． ■

以上のように定義される木および補木の概念を使うことで，次節で述べる閉路のとり方を明確に規定することができる．

11.2 基本閉路

閉路解析では，主としてキルヒホフの電圧則（KVL）を明示的に用い，複雑な回路内部の電流・電圧分布を求めるが，何本もの式を書き出していく際に，冗長な式が生成されないように配慮する必要がある．

前節で述べた木に，補木を1本加えるごとに木と補木からなるループを生成することができる．例えば，図 11.2(b) の木と補木の組合せについては，図 11.3 のように3つのループが生成される．

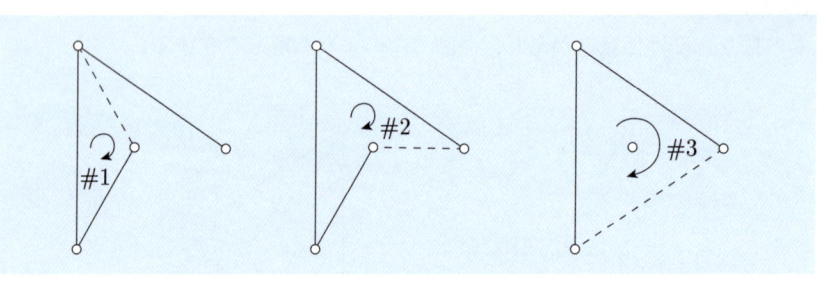

図 11.3 図 11.2(b) の木に対して生成されるループ

各補木の情報は，それぞれ対応する各ループにのみ含まれる．従って，生成されたループにもとづいてキルヒホフの電圧則を適用した場合，どの式も必ず独立な成分を含むため冗長式を排除することができる．このようにして生成されるループのことを**基本閉路**（primitive loop）という．基本閉路の数は，前節に述べた補木の数と同じで，$c = p - n + 1$ 個となる．

以上のように生成される基本閉路群について KVL を適用するのが，閉路電流法であるが，閉じた電流路を想定しているため，各節点では流入した電流と等しい電流が流出するので KCL は自動的に満たされる．

また，閉路電流法では，各ループに流れる電流を未知数とするため，各枝には電流源は含まれないものと仮定する．もし，含まれている場合には，電圧源に変更してから本手法を適用する．

以下に閉路電流法の要点をまとめる．

閉路電流法のまとめ

未知数：閉路電流 $I_1 \sim I_c$

方程式：各基本閉路について KVL を適用；補木数 c と同じ本数

適用条件：全ての枝は電流源を含まないこと（含む場合は電圧源に変換）

以上の手法を適用すると，閉路方程式は，以下のようになる．

$$\begin{aligned} Z_{11}I_1 + Z_{12}I_2 + \cdots + Z_{1c}I_c &= E_1 \\ Z_{21}I_1 + Z_{22}I_2 + \cdots + Z_{2c}I_c &= E_2 \\ \vdots \qquad \vdots \qquad\qquad \vdots & \\ Z_{c1}I_1 + Z_{c2}I_2 + \cdots + Z_{cc}I_c &= E_c \end{aligned} \quad (11.1)$$

ここで，Z_{ij} は閉路 i と閉路 j 間に共通な枝のインピーダンスに符号を付したもので，I_i と I_j が同方向のときは正，逆方向のときは負とする．考えているループに直接関連を持たないループ電流については対応項の係数はゼロとなる．また，右辺 E_i は i 番目の閉路中の電圧源の電圧の総和を表し，想定したループ電流を増加させる方向の電圧を正とする．

式 (11.1) を行列表示すると，以下のようになる．

$$[Z]\boldsymbol{I} = \boldsymbol{E} \quad (11.2)$$

ここで，$[Z]$ は式 (11.1) の左辺のインピーダンス係数からなる c 行 c 列の正方行列で，対角要素 Z_{ii} は i 番目の節点に接続されているインピーダンスの総和を表している．L, C, R, M のみから構成される自然回路では，$Z_{ij} = Z_{ji}$ となる．$\boldsymbol{I}$ は未知のループ電流からなる電流ベクトル，$\boldsymbol{E}$ は右辺の各電圧を要素とする電圧ベクトルを表す．

式 (11.2) はコンピュータで $[Z]$ の逆行列を求めることで，電流ベクトルの解を得ることができる．

例題 11.2

図 11.4 の回路について，閉路方程式をたて，行列表示せよ．

【解答】 まず，電流源 J と並列に接続されている抵抗 R_1 を組にして，電圧 JR_1，内部抵抗 R_1 の電圧源に変更する．得られた電圧源と内部抵抗 R_1 を１つの枝で表すと，全体の回路のグラフは図 11.1(b) と同じになる．このグラフについ

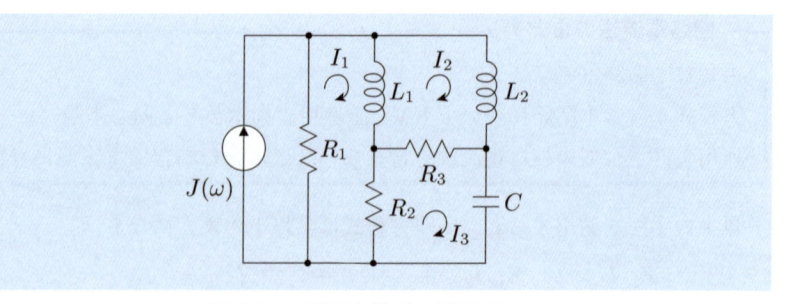

図 11.4 閉路方程式の適用例

て，木を図 11.2(a) のように決める．すなわち，図 11.4 の L_1, R_2, R_3 が木を構成する．補木は，内部抵抗 R_1 の電圧源，L_2, C の 3 本となり $c = 3$．

各補木に対する閉路方程式が以下のように得られる．

$(R_1 + j\omega L_1 + R_2)I_1 - j\omega L_1 I_2 - R_2 I_3 = JR_1$ ：電圧源を含む補木

$-j\omega L_1 I_1 + \{R_3 + j\omega(L_1 + L_2)\}I_2 - R_3 I_3 = 0$ ：L_2 からなる補木

$-R_2 I_1 - R_3 I_2 + \left(R_2 + R_3 + \dfrac{1}{j\omega C}\right)I_3 = 0$ ：C からなる補木

以上を行列表示すると，次のようになる．

$$\begin{bmatrix} R_1 + R_2 + j\omega L_1 & -j\omega L_1 & -R_2 \\ -j\omega L_1 & R_3 + j\omega(L_1 + L_2) & -R_3 \\ -R_2 & -R_3 & R_2 + R_3 + \dfrac{1}{j\omega C} \end{bmatrix} \begin{bmatrix} I_1 \\ I_2 \\ I_3 \end{bmatrix} = \begin{bmatrix} JR_1 \\ 0 \\ 0 \end{bmatrix}$$

以上の例題では，電流源とペアをなす抵抗が首尾よく確保できるケースであったが，回路構成によっては，電流源を電圧源に置き換えるのが困難なケースもある．このような場合には，前章で用いたスーパー・ノードの概念と逆に，電流源をも囲み込んだ大きなループ（スーパー・メッシュ）を設定し，その内部でのみ KCL を設定するハイブリッド解法を適用することで解決可能である（第 11 章の問題 2 参照）．

11 章 の 問 題

1 下記の回路について閉路方程式を記せ.

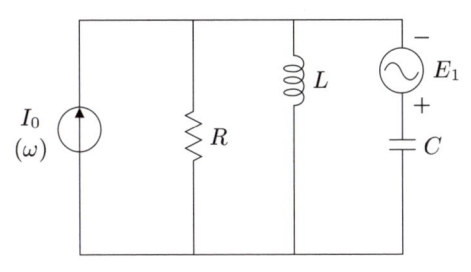

2 (a) 下図の回路について，抵抗 R_1, R_2 および電流源 I_0 を木としたとき，補木を加えることで生成可能な KVL を記せ.
(b) E_1, I_0, R_4 を含む 2 つのループを統合し，その外周：$E_1 \to R_1 \to R_2 \to R_4 \to E_1$ をスーパーメッシュと考え，この外周ループについて，KVL を記せ.
(c) I_0 を含む枝について KCL を記せ.
(d) (a)〜(c) の結果を統合し，電流ベクトル $(I_1, I_2, I_3)^T$ を未知数として行列表示せよ.

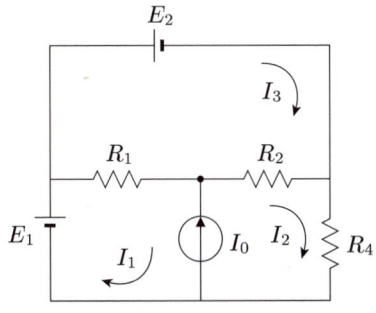

第12章

2ポート回路の行列表現

　電気回路の設計を行う場合，複雑な回路をなるべく単純化し，見通しの良い形で表現化することが肝要である．本章では，場合によっては内部構造も不明な回路素子群を1つのブラックボックスとして扱い，そこに設けられた入力ポートと出力ポートに現れた変量だけで，このブラックボックスの特性を表現することを考える．

12.1　Z 行列，F 行列，H 行列
12.2　2 ポート回路の相互接続
12.3　入力インピーダンスと
　　　出力インピーダンス
12.4　相反定理

第 12 章 2 ポート回路の行列表現

12.1　Z 行列，F 行列，H 行列

図 12.1 のように入力側に 2 つの端子と，出力側に 2 つの端子を備えた回路素子群のことを，**2 ポート回路** (2-port circuit)，あるいは四端子回路網と呼ぶ．2 ポート回路では，同図のように入力側の端子#1 から入った電流 I_1 はブラックボックス内で，出力ポートとも相互作用をするが，流れ込んだ電流と同じ電流 I_1' が入力ポートのもう一方の端子から流出するものとする．出力ポートについても，同じ制約が課せられる．

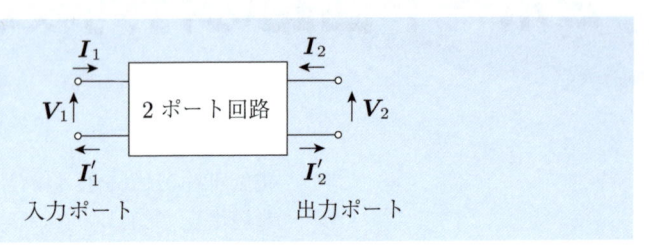

図 12.1　2 ポート回路の構成

このような回路では，入力側の電圧 V_1 と入力電流 I_1，出力側で，電流 I_2 と V_2 というように，合計 4 個のパラメータを設定することができる．そこで，これら 4 個のパラメータの内の 2 個を，ほかの 2 個のパラメータで説明することを考える．この組合せは $_4C_2 = 6$ 通り可能である．これらの中で，実用上よく用いられる表現形式，Z 行列，F 行列，H 行列の 3 者について具体的な定義と算出方法・利用例を，以下順を追って説明する．

(a) Z 行列

いま，回路が全て線形素子から構成されるものとする．入力電圧 V_1 および V_2 は，それぞれ電流 I_1 および I_2 に比例する成分に分けて考えることができる．これらの比例係数を $z_{11} \sim z_{22}$ で表すと，次式の表現が得られる．

$$V_1 = z_{11}I_1 + z_{12}I_2 \tag{12.1}$$

$$V_2 = z_{21}I_1 + z_{22}I_2 \tag{12.2}$$

$V = (V_1, V_2)$，$I = (I_1, I_2)$ のように各ポートの電圧，電流のフェーザを要素としてベクトル表示すると，次のように行列表現される．

12.1 Z 行列, F 行列, H 行列

$$V = ZI \tag{12.3}$$

このとき,以下のように定義される係数行列 Z を 2 ポート回路の**インピーダンス Z 行列**(impedance matrix)あるいは,**Z 行列**と呼ぶ.

$$Z = \begin{bmatrix} z_{11} & z_{12} \\ z_{21} & z_{22} \end{bmatrix} \tag{12.4}$$

インピーダンス行列を具体的に求めるのには,式 (12.1), (12.2) で,I_1 あるいは I_2 が 0 となる条件を設定すればよい.例えば,z_{11} を求める場合には,以下のように,$I_2 = 0$ の条件すなわち出力側のポート開放を想定する.このとき得られる係数はインピーダンスの次元を持つため,**出力開放時入力インピーダンス**と呼ばれる.

$$z_{11} = \left.\frac{V_1}{I_1}\right|_{I_2=0} \quad :出力開放時入力インピーダンス \tag{12.5}$$

ほかの係数についても,以下のように,いずれもインピーダンスの次元を持つので,インピーダンスに測定条件を記した呼称が与えられる.

$$z_{12} = \left.\frac{V_1}{I_2}\right|_{I_1=0} \quad :入力開放時相互インピーダンス \tag{12.6}$$

$$z_{21} = \left.\frac{V_2}{I_1}\right|_{I_2=0} \quad :出力開放時相互インピーダンス \tag{12.7}$$

$$z_{22} = \left.\frac{V_2}{I_2}\right|_{I_1=0} \quad :入力開放時出力インピーダンス \tag{12.8}$$

これらの係数は実測によって求めてもよいが,ブラックボックス内の回路が単純な回路として表現できる場合には,次の例題に示すように数式のうえで求めることもできる.

■ 例題 12.1

図 12.2 に示す 2 ポート回路について,Z 行列を求めよ.

【解答】

$$z_{11} = \left.\frac{V_1}{I_1}\right|_{I_2=0} = R + \frac{1}{j\omega C}$$

$$z_{12} = \left.\frac{V_1}{I_2}\right|_{I_1=0} = \frac{1}{j\omega C}$$

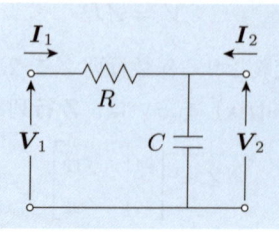

図 12.2 ローパス・フィルタの Z 行列表示

$$z_{21} = \left.\frac{V_2}{I_1}\right|_{I_2=0} = \frac{1}{j\omega C}$$

$$z_{22} = \left.\frac{V_2}{I_2}\right|_{I_1=0} = \frac{1}{j\omega C}$$

以上より

$$Z = \begin{bmatrix} R + \dfrac{1}{j\omega C} & \dfrac{1}{j\omega C} \\ \dfrac{1}{j\omega C} & \dfrac{1}{j\omega C} \end{bmatrix}$$

となる. ∎

(b) F 行列

前項で扱った Z 行列では，各ポートの電圧を電流で説明する形式であったが，今度は，入力ポート側の電圧，電流を出力ポートの電圧および電流で説明する形を考える．以下で定義する**基本行列** $[F]$（fundamental matrix）は **F 行列**とも呼ばれるが，海外では，同じ内容が transmission matrix $[T]$ として定義される場合が多い．いずれの場合も，図 12.3 に示すように，出力ポートから流出する電流を + として扱うため，Z 行列との換算などの際には注意を要する．

F 行列の要素は慣例として A, B, C, D を用い，以下のように定義される．

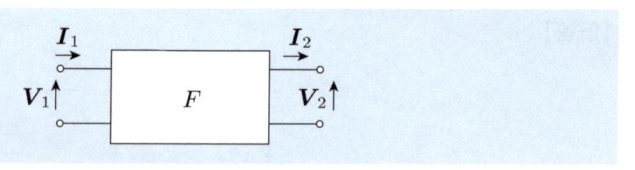

図 12.3 基本行列の定義に用いる電流，電圧のとりかた

12.1　Z 行列，F 行列，H 行列

$$V_1 = AV_2 + BI_2 \tag{12.9}$$

$$I_1 = CV_2 + DI_2 \tag{12.10}$$

また，transmission matrix $[T]$ との関係は以下のようになる．

$$T = \begin{bmatrix} t_{11} & t_{12} \\ t_{21} & t_{22} \end{bmatrix} = F = \begin{bmatrix} A & B \\ C & D \end{bmatrix} \tag{12.11}$$

これらの行列の要素は，定義式 (12.9) あるいは (12.10) の第 1 項もしくは第 2 項をゼロとする条件を想定し，以下のように求められ，それぞれの測定条件に応じた名称が与えられている．

$$A = t_{11} = \left.\frac{V_1}{V_2}\right|_{I_2=0} \quad :\text{逆方向電圧伝達比（出力開放）} \tag{12.12}$$

$$B = t_{12} = \left.\frac{V_1}{I_2}\right|_{V_2=0} \quad :\text{逆方向相互インピーダンス（出力短絡）} \tag{12.13}$$

$$C = t_{21} = \left.\frac{I_1}{V_2}\right|_{I_2=0} \quad :\text{逆方向相互アドミタンス（出力開放）} \tag{12.14}$$

$$D = t_{22} = \left.\frac{I_1}{I_2}\right|_{V_2=0} \quad :\text{電流伝達比（出力短絡）} \tag{12.15}$$

この F 行列は，後述のように複数のフィルタなどが，従属接続された回路全体の特性を容易に求めることができるため，信号処理分野での有用性が高い．

(b) H 行列

ここで定義する**ハイブリッド行列** (hybrid matrix) は **H 行列**とも呼ばれ，その要素 $h_{11} \sim h_{22}$ は h パラメータと呼ばれ，トランジスタなどの物理的な変量との対応関係が良いことから，能動素子を含んだ回路の解析で主に用いられる．この行列は以下の各式によって定義されるが，その際の出力電流 I_2 の取り方は Z 行列と同様，図 12.4 の向きを用いる．

$$V_1 = h_{11}I_1 + h_{12}V_2 \tag{12.16}$$

$$I_2 = h_{21}I_1 + h_{22}V_2 \tag{12.17}$$

上記で定義される H 行列の各要素も，以下のように求められ，それぞれの測定条件に応じた名称が与えられている．

第 12 章 2 ポート回路の行列表現

$$\begin{bmatrix} V_1 \\ I_2 \end{bmatrix} = H \begin{bmatrix} I_1 \\ V_2 \end{bmatrix}$$

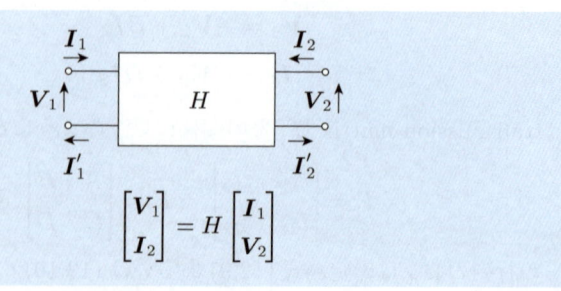

図 12.4 2 ポート回路の H 行列表現

$$h_{11} = \left. \frac{V_1}{I_1} \right|_{V_2=0} \qquad :入力インピーダンス(出力短絡) \qquad (12.18)$$

$$h_{12} = \left. \frac{V_1}{V_2} \right|_{I_1=0} \qquad :逆方向電圧伝達比(入力開放) \qquad (12.19)$$

$$h_{21} = \left. \frac{I_2}{I_1} \right|_{V_2=0} \qquad :電流伝達比(出力短絡) \qquad (12.20)$$

$$h_{22} = \left. \frac{I_2}{V_2} \right|_{I_1=0} \qquad :出力アドミタンス(入力開放) \qquad (12.21)$$

以上述べてきた行列の取り方のほかにも，各ポートの電流を 2 つのポートの電圧で説明する Y 行列などがあるが，F 行列以外の 5 つの行列とも出力電流の向きは Z 行列や H 行列と同じである．F 行列だけが相互接続を考慮した電流方向となっている．

12.2 2ポート回路の相互接続

(a) F行列の縦続接続

回路を行列表現することの最大のメリットは，小分割された回路を多数接続することで所要の特性を得る設計指針が得られることである．

図 12.5 のように，#1 の回路の出力ポートに #2 の回路の入力ポートを接続するような接続方式を，縦続接続あるいはカスケード接続（cascade connection）と呼び，フィルタ設計などの際にはなくてはならない接続形式である．

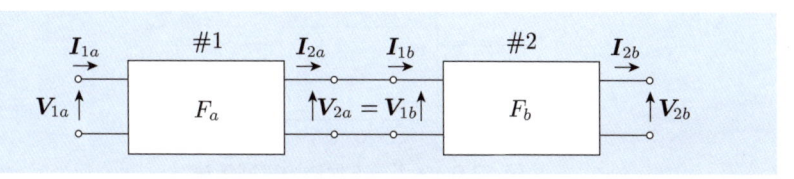

図 12.5　2 ポートの縦続接続

いま，回路 a の出力電圧を V_{2a}，出力電流を I_{2a}，回路 b の入力電圧・電流をそれぞれ V_{1b}，出力電流を I_{1b} とし，全体の回路の F 行列表示を考える．

回路 a, b のそれぞれの F 行列を F_a, F_b とし，F 行列の定義に従い，以下の関係が成立している．

$$\begin{bmatrix} V_{1a} \\ I_{1a} \end{bmatrix} = F_a \begin{bmatrix} V_{2a} \\ I_{2a} \end{bmatrix} \tag{12.22}$$

$$\begin{bmatrix} V_{1b} \\ I_{1b} \end{bmatrix} = F_b \begin{bmatrix} V_{2b} \\ I_{2b} \end{bmatrix} \tag{12.23}$$

ここで，F 行列における電流のとり方に従い，$V_{1b} = V_{2a}$ および $I_{1b} = I_{2a}$ の関係を用いると，全体の回路の特性として以下の表現を得ることができる．

$$\begin{bmatrix} V_{1a} \\ I_{1a} \end{bmatrix} = F_a F_b \begin{bmatrix} V_{2b} \\ I_{2b} \end{bmatrix} \tag{12.24}$$

すなわち，2 つの回路をカスケード接続して得られる回路全体の F 行列は，個々の回路の F 行列の積に等しいという簡単な関係が得られる．このルールを $N-1$ 回適用することで，N 個の回路のカスケード接続についても，N 個の回路それ

ぞれの F 行列の積を求めればよいことになる．

(b) Z 行列の和

今度は，小回路それぞれの行列の和が物理的にどのような意味を持つか考察してみよう．

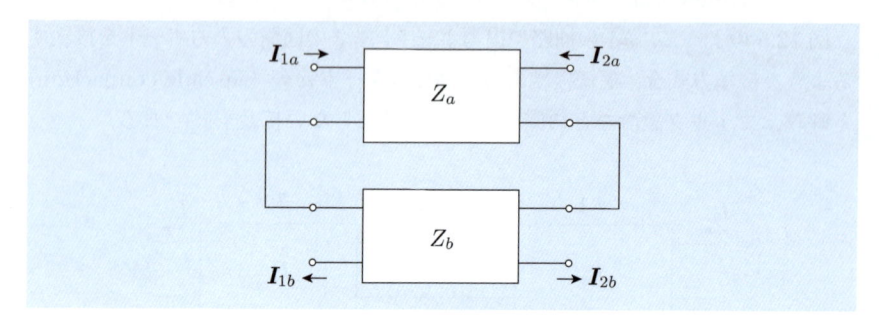

図 12.6 2 ポート回路の直列接続

図 12.6 のように，2 ポート回路 a の入力ポートの帰線側を，回路 b の入力ポートに接続し，出力側についても同様な接続形態を考えてみる．ここで，2 ポートの条件式：$I_{1a} = I_{1b}$ および $I_{2a} = I_{2b}$ が成立するものと仮定できるときには，全体の回路も 1 つの 2 ポートと見ることができる．この合成された回路の入出力関係を以下のように Z 行列表現してみる．

$$\begin{bmatrix} V_{1t} \\ V_{2t} \end{bmatrix} = Z_t \begin{bmatrix} I_{1t} \\ I_{2t} \end{bmatrix} \tag{12.25}$$

ここで，左辺の各行が $V_{1a} + V_{1b}$ および $V_{2a} + V_{2b}$ に分解されることを考慮すると，

$$\begin{aligned} V_{1t} &= z_{11a} I_{1a} + z_{12a} I_{2a} + z_{11b} I_{1b} + z_{12b} I_{2b} \\ &= (z_{11a} + z_{11b}) I_{1t} + (z_{12a} + z_{12b}) I_{2t} \end{aligned} \tag{12.26}$$

$$\begin{aligned} V_{2t} &= z_{21a} I_{1a} + z_{22a} I_{2a} + z_{21b} I_{1b} + z_{22b} I_{2b} \\ &= (z_{21a} + z_{21b}) I_{1t} + (z_{22a} + z_{22b}) I_{2t} \end{aligned} \tag{12.27}$$

以上の関係が得られ，次式のように全体の回路の Z 行列表現を得ることができる．

$$Z = Z_a + Z_b \tag{12.28}$$

このほか，2つの2ポートの並列接続については，Y行列の加算で表現されるが，実用上，利用される機会は少ない．

(c) 行列表現間の変換

以上，よく用いられる3つの行列表現の定義について述べてきたが，利用局面に応じて異なる表現形式に変換する方法がある．例えば，計算の容易なZ行列を先に求め，それから利用しやすいF行列に変換する，あるいは，回路を複数のミニ回路に分解し，それらのカスケードとして全体のF行列を求め，再度Z行列やH行列に変換して利用するなどの方法を用いることができる．

各行列間の変換公式は巻末の付録2に示すが，ここでは以下の例題でF行列をZ行列の要素で表現する方法を導いてみよう．

■ 例題 12.2

Z行列からF行列への変換が巻末の付録2で与えられることを誘導せよ．

【解答】 Z行列の定義より，

$$\boldsymbol{V}_1 = z_{11}\boldsymbol{I}_1 + z_{12}\boldsymbol{I}_2 \tag{1}$$

$$\boldsymbol{V}_2 = z_{21}\boldsymbol{I}_1 + z_{22}\boldsymbol{I}_2 \tag{2}$$

上記の式(2)より，

$$\boldsymbol{I}_1 = \frac{\boldsymbol{V}_2}{z_{21}} - \frac{z_{22}}{z_{21}}\boldsymbol{I}_2 \tag{3}$$

式(3)を(1)に代入し，

$$\boldsymbol{V}_1 = \frac{z_{11}}{z_{21}}\boldsymbol{V}_2 + \left(z_{12} - \frac{z_{11}z_{22}}{z_{21}}\right)\boldsymbol{I}_2 \tag{4}$$

ここで，FとZとではI_2の向きが逆であることを考慮すると，

$$\begin{bmatrix} \boldsymbol{V}_1 \\ \boldsymbol{I}_1 \end{bmatrix} = \begin{bmatrix} \dfrac{z_{11}}{z_{21}} & \dfrac{\Delta Z}{z_{21}} \\ \dfrac{1}{z_{21}} & \dfrac{z_{22}}{z_{21}} \end{bmatrix} \begin{bmatrix} \boldsymbol{V}_2 \\ \boldsymbol{I}_2 \end{bmatrix}$$

なるF行列の表現形式を得る．ただし$\Delta Z = z_{11}z_{22} - z_{12}z_{21}$である． ■

12.3　入力インピーダンスと出力インピーダンス

通信機や，信号処理機器の設計の際には，回路の入力インピーダンスや出力インピーダンスを外部の回路と整合させることが求められる場合が少なくない．2ポート回路をF行列で表現しておくと，これらの作業を極めて容易に行うことが可能になる．本節では，F行列を用いたこれらの量の算出方法について述べる．

(a) 入力インピーダンスのFパラメータ表現

2ポート回路の入力インピーダンスは，入力ポートに加えた電圧（フェーザ表現された量）に対して，どのような電流（フェーザ表現された量）が流れるかによって特徴付けられるが，一般には，2ポートの出力側ポートに取り付けられている負荷インピーダンス Z_L の影響を受ける．

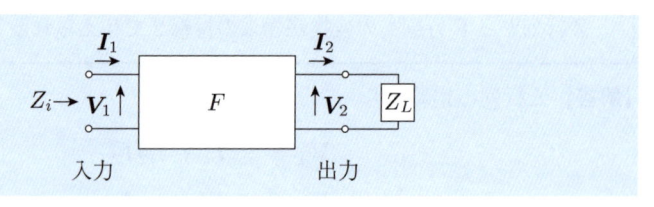

図 12.7　負荷を接続した2ポート回路の入力インピーダンス

出力側の負荷インピーダンスが入力側にどのように反映するかは，F行列の定義，式 (12.9) および (12.10) から直ちに導かれる．すなわち，式 (12.9) を式 (12.10) で割ると，

$$Z_i = \frac{V_1}{I_1} = \frac{AV_2 + BI_2}{CV_2 + DI_2} \tag{12.29}$$

上式右辺の分母子を I_2 で割り，負荷側の電流と電圧の関係が図 12.7 のように $V_2 = I_2 Z_L$ で与えられることに留意すると，次式のように入力インピーダンスを負荷インピーダンスとFパラメータによって表現することができる．

$$\begin{aligned} Z_i &= \frac{A(V_2/I_2) + B}{C(V_2/I_2) + D} \\ &= \frac{AZ_L + B}{CZ_L + D} \end{aligned} \tag{12.30}$$

12.3 入力インピーダンスと出力インピーダンス

(b) 出力インピーダンスの F パラメータ表現

今度は，2 ポート回路の出力インピーダンスについて考察してみよう．出力インピーダンスとは，その回路を電源としてみたときの等価的な内部インピーダンスのことを意味する．この点は入力インピーダンスとは異なり，単に出力側の電圧と電流の比だけでは評価できない（出力側の電圧と電流の比は，負荷インピーダンスのみによって決まる）．

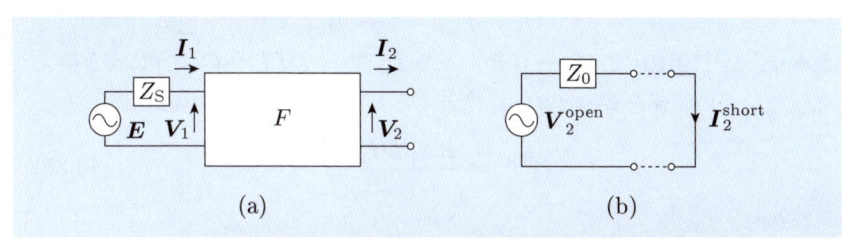

図 12.8 2 ポート回路の出力インピーダンスの算出 (a) 入力側に電源を接続した 2 ポート回路 (b) 回路 (a) の等価電源表示

この出力インピーダンスも入力側に接続される電源の内部インピーダンスの影響を受ける．図 12.8(a) のように入力側に電圧 E，内部インピーダンス Z_s の電源を接続した 2 ポートを，同図 (b) のように等価電源表示してみる．図 (a) の開放電圧が V_2^{open}，出力端子を短絡したときに流れる電流が I_2^{short} であったとき，(b) の等価電源は，電圧 V_2^{open} の定電圧源に $Z_o = \dfrac{V_2^{\text{open}}}{I_2^{\text{short}}}$ の内部インピーダンスが直列になった回路で表される．この Z_o が 2 ポート回路の出力インピーダンスを意味するので，この値を入力側のインピーダンスと F パラメータを使って表現することを考える．

図 12.8(a) の回路で，出力端を開放すると $I_2 = 0$ となる．従って，F 行列の定義式 (12.9) にこの条件を適用し，入力側 Z_s による電圧降下を考慮して以下の関係を得る．

$$V_2^{\text{open}} = \frac{V_1}{A} = \frac{E - I_1^{\text{open}} Z_s}{A} \tag{12.31}$$

さらに，式 (12.10) で $I_2 = 0$ とすると $I_1^{\text{open}} = C V_2^{\text{open}}$ のように書き換えが可能で，この関係を式 (12.31) に代入すると，

$$V_2^{\text{open}} = \frac{E - CV_2^{\text{open}} Z_s}{A} \tag{12.32}$$

すなわち，

$$V_2^{\text{open}} = \frac{E}{A + CZ_s} \tag{12.33}$$

今度は，定義式 (12.9) において出力を短絡 ($V_2 = 0$) にすると，

$$I_2^{\text{short}} = \frac{V_1}{B} = \frac{E - I_1^{\text{short}} Z_s}{B} \tag{12.34}$$

さらに，式 (12.10) で $V_2 = 0$ とすると $I_1^{\text{short}} = DI_2^{\text{short}}$ のように書き換えが可能で，この関係を式 (12.34) に代入すると，

$$I_2^{\text{short}} = \frac{E - DI_2^{\text{short}} Z_s}{B} \tag{12.35}$$

すなわち，

$$I_2^{\text{short}} = \frac{E}{B + DZ_s} \tag{12.36}$$

よって，出力インピーダンスの算出式：$Z_o = \dfrac{V_2^{\text{open}}}{I_2^{\text{short}}}$ に式 (12.33), (12.36) を代入すると，出力インピーダンスは次式によって与えられる．

$$Z_o = \frac{V_2^{\text{open}}}{I_2^{\text{short}}} = \frac{B + DZ_s}{A + CZ_s} \tag{12.37}$$

第 7 章でも述べたように，内部インピーダンスと複素共役の関係にある負荷インピーダンスを接続したときに最大の出力が取り出される．従って，多数の 2 ポート回路がカスケードに接続され，入力側に接続される信号源が決まっている場合には，各小回路の F 行列を求め，それらの行列積から全体の F 行列を求め，式 (12.37) の出力インピーダンスと複素共役になる負荷インピーダンス Z_L を選ぶことで，最大の電力を取り出すことができる．

12.4 相反定理

　同じ性能を持つトランシーバ2台で通信をしているとき，A機からB機に電波が届いている場合には，多分BからAにも電波が届くであろうと私たちは予想する．音波や電気信号などでも，間に増幅器などの特殊なメカニズムが存在しない場合には，AからBに信号が届くときには，逆にBからAにも信号が届くのが一般的である．このことを，電気回路，特に2ポートについて定理の形で述べているのが次の**相反定理**（reciprocity theorem）もしくは「可逆の理」である．

> **相反定理**
>
> 　回路の片側のポートAに電源を接続し，ある電気量（電圧または電流）X を与え，ほかのポートBで電気量（電流または電圧）Y を観測したとする．今度は，同じ回路で，電源接続ポートと観測ポートを交換し，ポートBから電気量 X を供給し，ポートAで Y を観測したとき，両観測を通じて Y/X は一定に保たれる．

　上記の2つの測定を通じ，各ポートが開放か短絡かという属性は変わらないものとする．開放ポートでは電源は内部インピーダンスが ∞ の定電流源を，観測側ではインピーダンス ∞ の電圧計を用いるものとする．短絡ポートのときは，定電圧源および内部抵抗ゼロの電流計を用いるものとする．
　一例として，図 12.9 の理想変成器について考察してみよう．

(a) 測定 I： $\dfrac{V}{E} = 0.2$

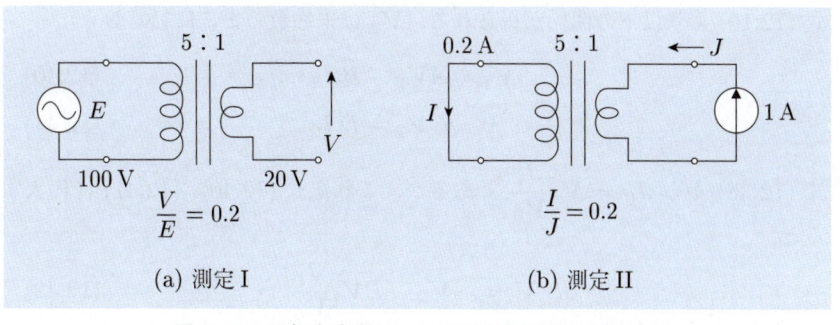

(b) 測定 II： $\dfrac{I}{J} = 0.2$

図 12.9　理想変成器についての相反定理の適用例

第 12 章 2 ポート回路の行列表現

同図 (a) の左側を短絡ポート，右側を開放ポートとして左側に 100 V の交流電圧源を接続すると，2 次側では 20 V の電圧が測定される．つまり電源側に対する観測側の電気量比は $V/E = 0.2$ となる．

ついで，同図 (b) のように電源と観測側を入れ替え，右側に $J = 1$ A の電流源を接続する．理想変成器なので，2 次側の電流は巻き数に反比例するため観測側では，1/5 の電流値，すなわち 0.2 A が短絡端子間を流れる．つまり，電源側の電流値に対する観測電流の比は $I/J = 0.2$ となり，(a) についての試行例と同じ比率となる．すなわち，理想変成器について，相反定理が成り立っていることが確認される．

以上の例に示すような相反性が 2 ポートの各パラメータにどのように反映されるであろうか．以下では，F 行列で表される 2 ポートについて，入出力ポートともに開放の属性が与えられているものと仮定する．まず，測定 I では入力ポートに電流源 J_i を接続し，出力ポート側で電圧 V_0 を観測する．次に，測定 II では出力側ポートに電流源 J_0 を接続し，入力側ポートで電圧 V_0 を観測する．このとき，相反定理は次式のように表現される．

$$\frac{V_0}{J_i} = \frac{V_i}{J_0} \tag{12.38}$$

以上のケースでは，測定 I については出力端が開放なので出力電流はゼロとなる．よって，F 行列の定義式 (12.10) より，以下の関係が得られる．

$$J_i = CV_0 \tag{12.39}$$

測定 II では，電流源の方向が F 行列の定義方向と逆なので，式 (12.9) および式 (12.10) より以下の関係が得られる（V_2 は未知数のままにしておく）．

$$V_i = AV_2 - BJ_0 \tag{12.40}$$

$$0 = CV_2 - DJ_0 \tag{12.41}$$

式 (12.38) から $J_0 = V_i \dfrac{J_i}{V_0}$ であるが，これを式 (12.40), (12.41) に代入すると，

$$V_i = AV_2 - BV_i\frac{J_i}{V_0} \tag{12.42}$$

$$0 = CV_2 - DV_i\frac{J_i}{V_0} \tag{12.43}$$

上式に式 (12.39) を代入すると，

$$\boldsymbol{V}_i = A\boldsymbol{V}_2 - B\boldsymbol{V}_i C \tag{12.44}$$

$$0 = C\boldsymbol{V}_2 - D\boldsymbol{V}_i C \tag{12.45}$$

式 (12.45) より $\boldsymbol{V}_2$ を求め，式 (12.44) に代入すると，以下の関係を得る．

$$AD - BC = 1 \tag{12.46}$$

行列 F を使って表現すると，$\det(F) = 1$ となる．

この関係を巻末の行列表示変換表の F に代入すると，Z 行列，H 行列，さらには Y 行列についても相反性を表す表現が以下のように得られる．

---
2 ポートの行列表現上の相反定理

基本行列 F について　　　　　： $\det(F) = 1$
インピーダンス行列 Z について： $z_{21} = z_{12}$
ハイブリッド行列 H について　： $h_{21} = -h_{12}$
アドミタンス行列 Y について　： $y_{21} = y_{12}$

では，相反定理はいつでも成立するのであろうか．この定理が成立するのは，通常の抵抗やキャパシタ，インダクタンス，変成器などからなる受動回路であり，トランジスタや真空管などを含む能動回路ではこのような関係は成りたたない．また，能動素子が使われていない場合でも，直流磁場を加えた半導体やフェライトなど，誘電率や透磁率を表すテンソルに非対角成分が現れる物質を含む系（例えば，マイクロ波のサーキュレータや，アイソレータ，半導体を用いたホール素子）などでは，相反定理は成立しない．

一例として，図 12.10 に示すホール素子の相反性について，考察してみよう．円盤状の半導体の面に垂直に磁場 B が加わっている．まず，測定 I では，図 (a) に示すように，点 A から B に向かって電流を流す．電流に伴う電子の動きは磁界により曲げられるため，等電位線は線分 A–B とは直角にならず，点 P–Q のように直角ではない角度 α をなす位置にできる．そこで，P–Q 点に電極を付けて電位を観測した場合，A–B に加えた信号は P–Q には現れない．

ついで，測定 II では，図 (b) のように入力の電極位置を入れ替え P–Q に電流を流す．今度は，この電流についての等電位線は電流の方向から時計周りに α だけ回転した位置 C–D に形成される．従って，出力用電極を A–B に配置し

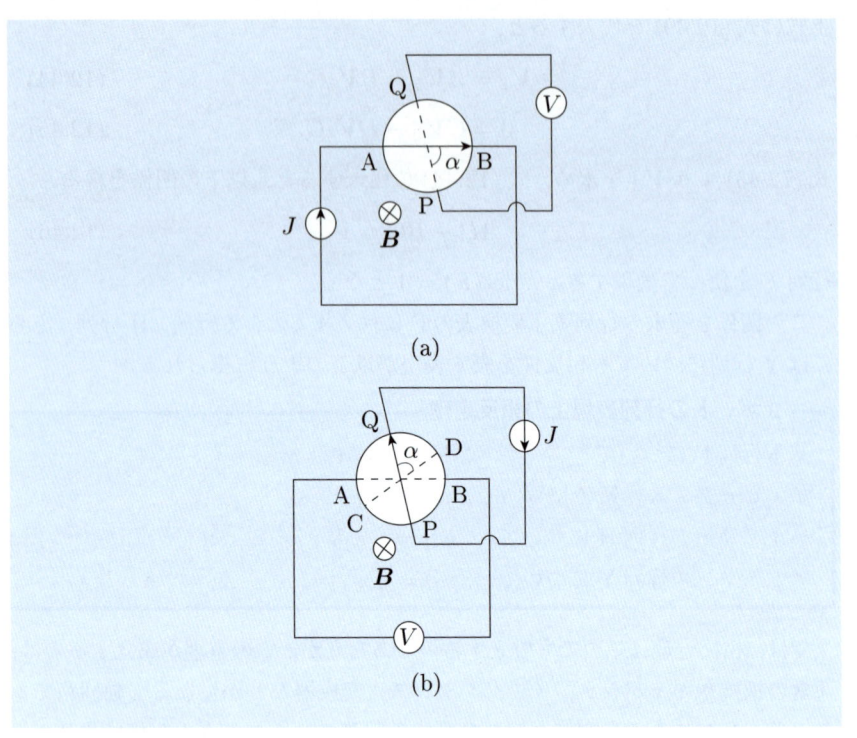

図 12.10 ホール素子についての非相反の例 (a) 測定 I (b) 測定 II

たとすると，A–B は等電位線上にはないので，信号が検出されることになる．

つまり，ポート AB ⇒ ポート PQ については信号が伝達されないのに対し，ポート PQ ⇒ ポート AB は信号が伝達されてしまう．このように，上記の系では，相反定理は成立しないことが分かる．実際，このようなホール素子は，信号を一方向にのみ伝達したいときにアイソレータとして使用される．

12 章 の 問 題

□ 1 下図で表される 2 ポート回路の Z 行列および F 行列を求めよ

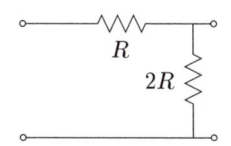

□ 2 下図は Section II に巻数比 1 : 2 の理想変成器を含む 2 ポートの縦続接続を表す．
(a) Section II の F 行列を求めよ．
(b) Section I と Section II を縦続接続した 2 ポート全体の F 行列を求めよ．
(c) 上記設問 (b) で得られた 2 ポートの出力側に抵抗値 $4R\,\Omega$ の負荷を接続したとき，Section I の入力インピーダンスを求めよ．

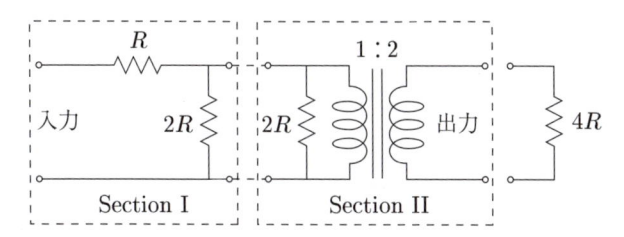

□ 3 下図の回路について，F 行列を求めよ．

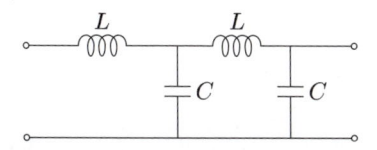

□ 4 下記の 2-port 回路の出力インピーダンスを 2 通りの方法で求めよ．

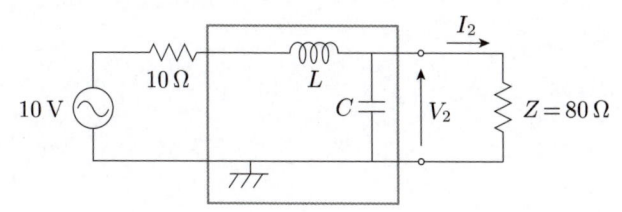

□**5** 下図の回路で長方形 F_1 および F_2 は自然回路から構成される 2 ポートを表す．信号の角周波数を ω とするとき，次の問に答えよ．

(a) F_1 の Z 行列および F 行列を求めよ．

(b) F_2 の基本行列の要素が $B = j\omega L$, $C = 1/100$, $D = 1$ で与えられるとき，F_1, F_2 を上図のように縦属接続して得られる全体の回路の F 行列を求めよ．

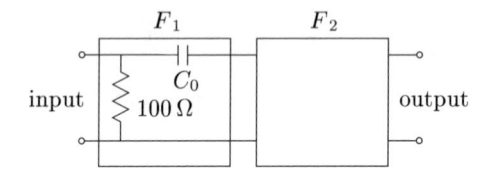

補章1

送電とエネルギ効率

前章までは,電源は2本の線を通して,直流もしくは交流の電圧・電流を供給するものとして扱ってきた.しかしながら,限られたエネルギを電力の形で効率良く送るためには,三相交流は実用上大きな利点を持つ.本章では,エネルギ輸送の観点から三相交流の特徴と送電効率の問題を扱う.

補章 1.1 対称三相交流
補章 1.2 送電効率

補章1.1　対称三相交流

　三相交流の発電機では，回転するロータを囲む円周上に幾何学的に120度ずつ離れた位置にコイルを配置することで，3つの異なった位相を持つ交流電圧を発生する．これらの3つの交流電圧源の片方の出力端子を図補1.1(a)のようにまとめ，残った3本の端子から出力を取り出す接続方式を，**Y結線**と呼ぶ．これに対して同図(b)のように，3つの電圧源を各電圧が直列になるように三角状に配置する方式を **Δ結線** と呼ぶ．

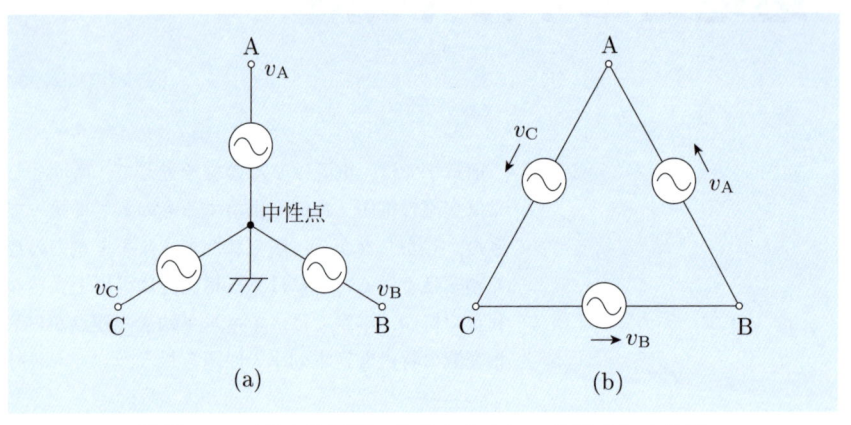

図 補1.1　三相交流電源の接続方式 (a) Y結線 (b) Δ結線

　まず，図補1.1(a) のY結線について考察していこう．3つの出力端をまとめた端子を**中性点**（neutral point）と呼び，他端の端子電圧をこの中性点に対する電圧で表現すると，次式のように120度ずつ位相がずれた正弦波となる．この電圧波形を横軸に ωt をとって図示すると図補1.2のようになる．この例のように，各相の電圧の絶対値が等しい電源を対称三相交流電源という．

$$v_A = \sqrt{2} E_0 \sin(\omega t) \quad \text{(補1.1)}$$

$$v_B = \sqrt{2} E_0 \sin\left(\omega t - \frac{2\pi}{3}\right) \quad \text{(補1.2)}$$

$$v_C = \sqrt{2} E_0 \sin\left(\omega t - \frac{4\pi}{3}\right) \quad \text{(補1.3)}$$

補章 1.1 対称三相交流

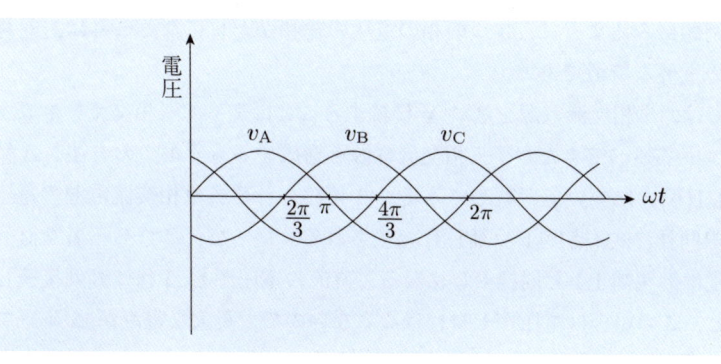

図 補1.2 対称三相交流各相の電圧波形

■ 例題補1.1

式 (補1.1)〜(補1.3) で表される電圧 v_A, v_B, v_C の総和を求めよ．

【解答】各電圧をフェーザ表現すると以下の各式を得る．

$$v_A = E_0$$
$$v_B = E_0 \exp\left(-\frac{j2\pi}{3}\right)$$
$$v_C = E_0 \exp\left(\frac{j2\pi}{3}\right)$$

これらの複素ベクトルを図示すると，図補1.3のように，合計値はゼロとなる．■

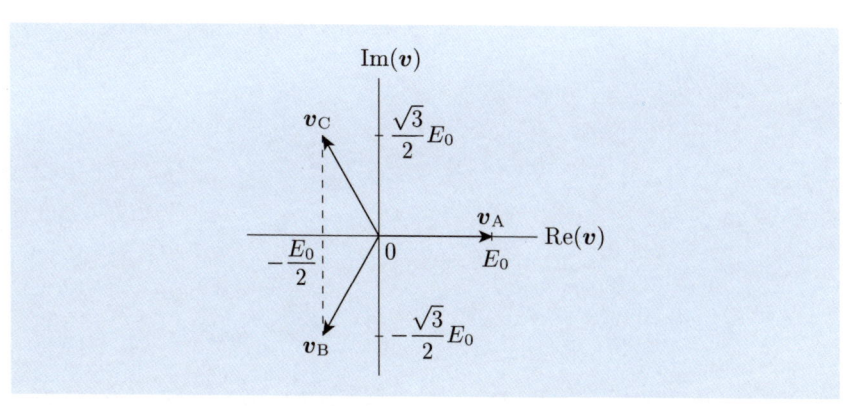

図 補1.3 三相交流の電圧フェーザ v_A, v_B, v_C の総和

上記の例題にみるように，3つの相の電圧の総和がゼロになることは，対称三相交流の重要な特徴である．

ここまでは，単相交流電源を3つY接続することによって三相交流を生成する場合について述べてきたが，三相交流電源を構成するもう1つの方法，Δ結線（図補1.1(b)）について考察してみる．Δ接続される各単相交流電源の電圧は，Y結線同様，式(補1.1)〜(補1.3)で表される．従って，これら三者を直列にした電圧は例題補1.1と同様ゼロになる．直流の電圧源をΔ状に直列接続したとすると，この場合は電圧がゼロにはならないので，莫大な電流がΔループ内で流れ，電源は破壊されてしまう．電圧の総和がゼロになるよう3つの電源に位相差があってはじめてこのような結線が可能になる．

このΔ結線の場合，いうまでもなく個々の単相発電機の電圧がそのまま線間電圧となる．

補章1.2　送電効率

大きな電力を長距離にわたって送電する場合，送電線の発熱によって奪われるエネルギ損失をいかにして低減させるかは，CO_2 削減，地球温暖化防止という観点からも重要な課題である．

発電所で生成された三相交流の電力は，送電線を経て電力の受電側へ運ばれる．対称三相交流の受電側の負荷は第4章の図4.3のように，同じ抵抗値の抵抗（あるいはインピーダンス負荷）を Δ あるいは Y 接続した形で表現されるが，第4章で述べたように，両結線は相互に変換可能なので，ここでは，送電側も受電側も Y 結線されているものとする．

このような送電系を図補1.4のように構成し，送電側と受電側を4本の送電線で結ぶことを想定する．各相を接続する送電線のインピーダンスを Z_t，各相の負荷インピーダンスを Z_L とし，送電側の中性点と受電側の中性点を結ぶ**中性線**（neutral wire）の抵抗は，ほかの線に比べ十分小さいものと仮定する．

この送電系は，図補1.5に示す各相ごとの回路を三組重畳したものと解釈できる．まず，A 相についてのみ考えると，A–A′ を結ぶ送電線には以下の電流が

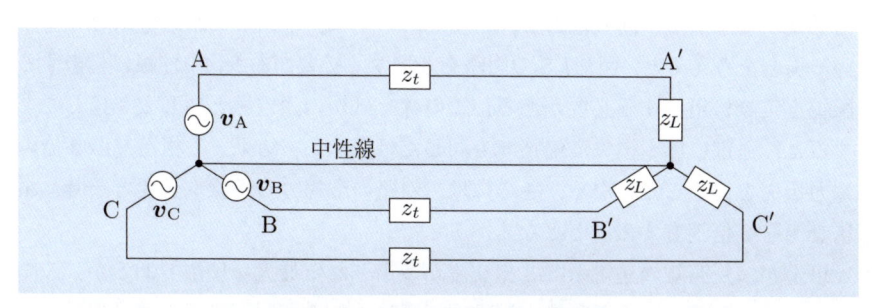

図 補1.4　対称三相交流の送電系

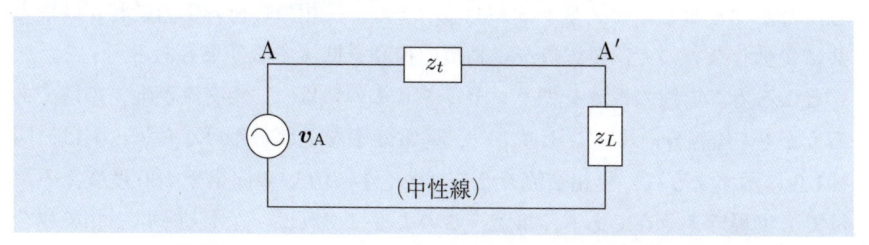

図 補1.5　送電系（図補1.4）中の A 相のみの切り出し

流れる．

$$i_A = \frac{v_A}{Z_t + Z_L} \tag{補1.4}$$

同様に，B相，C相についても以下の電流が流れる．

$$i_B = \frac{v_B}{Z_t + Z_L} \tag{補1.5}$$

$$i_C = \frac{v_C}{Z_t + Z_L} \tag{補1.6}$$

つまり，電流の帰路となる中性線には上記3つの電流の合計が流れる．ところが，この合計電流は，

$$i_A + i_B + i_C = \frac{v_A + v_B + v_C}{Z_t + Z_L} \tag{補1.7}$$

となり，前節の例題の結果より，この値はゼロとなる．

　従って，十分に小さいインピーダンスを仮定した中性線には，実質的には電流は流れない．すなわち，中性線は省略可能である．

　以上のように，図補1.4の送電系では，3つの各相の電流帰路となる中性線に流れる3つの相の電流は，常にキャンセルされるため，帰路での発熱を考慮する必要がなくなる．同じ電力を，三相を用いずに，単相の交流送電系を3つ用いる場合を考えると，図補1.5の回路を3倍する必要があり，中性線に相当する配線を実際に用意する必要がある．この線をほかの送電線と同じ太さにしたとすると，送電に伴う損失は帰路でも同じだけ発生し，結果，三相送電の2倍の電力損失を伴うこととなる．さらには，帰路の配線分の導線も必要となり，金属資源を2倍消費することとなる．

　以上が，長距離の送電系で3相交流が多用される最大な理由であるが，このほかにも，三相交流は電動機を構成する際に滑らかな回転磁界を容易に発生することができるというメリットがある．また，三相の負荷の電力総和が時間と共に変動しないので，発電機や電動機の振動を低減する効果もある．

　ところで，帰線の電流をキャンセルさせるのには，三相交流が唯一の解であろうか？　帰線分をキャンセルさせ，送電効率を上げるだけならば，実は，図補1.6に示すように，単相交流を2組くみ合わせ互いの位相を180度変えるだけでも実現できそうである．事実，このようにすれば，送電効率は三相の場合と同じになる．しかし，図補1.6の結線は，実質的には単相の送電電圧を2倍

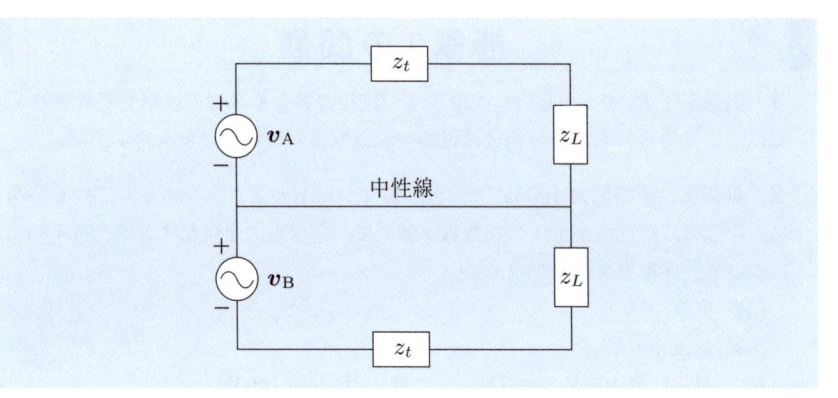

図 補1.6 180度位相の異なる単相交流の組合せ

にしたことにほかならない．

電圧をいくらでも高くすることが許されるならば，単相で電圧を上げれば良いということになるが，3相交流の場合には，線間電圧は元の発電機の$\sqrt{3}$倍で済むため，送電系の碍子の数や保守時の安全確保などの手間を考えると，単相で2倍の電圧をかけるよりも三相送電の方が有利であるといえる．

補章1の問題

☐ **1** 実効電圧 E_0 で,お互いに 120 度ずつ位相の異なる 3 台の単相交流電源の Y 結線によって得られる対称三相交流電源の線間電圧(実効値)を求めよ.

☐ **2** 負荷側の定格電力 100 W で,電圧条件が以下のように定められている各機器に,片道の線路抵抗が 1 Ω の送電線を通して,定格電力を供給する際,各々の場合について,送電損失電力を求めよ.

 (a) 直流 10 V
 (b) 直流 100 V
 (c) 単相交流 100 V(受電側ピーク値);Pav = 100 W
 (d) 三相交流 100 V(受電側線間電圧ピーク値);Pav = 100 W(全負荷合計)

補章2

分布定数回路への拡張

　第1章でも述べたように，回路の幾何学的な寸法が，扱う信号周波数における電磁波の波長よりも十分に小さいという範囲でのみ，集中定数としての扱いが可能であり，前章まではこの仮定のもとに話を進めてきた．ところが，昨今PCのクロック周波数は3 GHzを越え，対応する電磁波の波長が10 cmであることを考えると，僅か1〜2 cmの配線も，その始点と終点とでは異なった位相の電位を観察することになる．

　本章では，このように，導体の各部で位相の異なる現象を取り扱うツールとしての分布定数解析を行う際，最小限必要な事項を解説する．

> 補章 2.1　波動方程式のフェーザ表現
> 補章 2.2　特性インピーダンス
> 補章 2.3　反射波と定在波
> 補章 2.4　駆動点インピーダンス

補章 2.1　波動方程式のフェーザ表現

図補2.1は，2本の導線からなる高周波線路を模式的に記述した回路図である．この線路を微小な長さ Δl ごとに分割し，この区間の入り口と出口とでの電圧 $\boldsymbol{E}$，電流 $\boldsymbol{I}$ の微小変化を以下のように記述する．

$$-\Delta \boldsymbol{E} = \boldsymbol{I} Z \Delta l \tag{補2.1}$$

$$-\Delta \boldsymbol{I} = \boldsymbol{E} Y \Delta l \tag{補2.2}$$

ここで，$Z = R + j\omega L$ は単位長当たりの線路の抵抗とインダクタンスを表し，$Y = G + j\omega C$ は単位長当たり2本の導体間の静電容量および，導体の支持材料中の電流リーク分のコンダクタンスを表す．上式の両辺を Δl で割り，$\Delta l \to 0$ の極限を考えると，以下の微分表現が得られる．

$$-\frac{d\boldsymbol{E}}{dl} = \boldsymbol{I} Z \tag{補2.3}$$

$$-\frac{d\boldsymbol{I}}{dl} = \boldsymbol{E} Y \tag{補2.4}$$

式 (補2.3) を l で微分し，(補2.4) を代入し，また，式 (補2.4) を l で微分し，(補2.3) を代入すると，以下の2本の波動方程式が得られる．なお，通常の波動方程式では時間微分の項が含まれるが，電圧，電流をフェーザ表現しているために時間微分の演算は Y や Z に含まれる $j\omega$ で記述されていて，表には出てこない点には注意を要する．

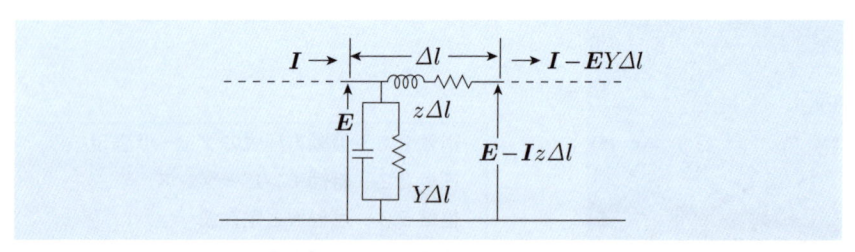

図 補2.1　伝送線路の解析モデル

補章 2.1　波動方程式のフェーザ表現

伝送線路上の電圧と電流についての波動方程式

$$\frac{d^2 E}{dl^2} = ZY\boldsymbol{E} \tag{補2.5}$$

$$\frac{d^2 I}{dl^2} = ZY\boldsymbol{I} \tag{補2.6}$$

上記の波動方程式は次式で表される解を持つ．

$$\boldsymbol{E} = E_1 \exp(-\gamma l) + E_2 \exp(\gamma l) \tag{補2.7}$$

$$\boldsymbol{I} = I_1 \exp(-\gamma l) - I_2 \exp(\gamma l) \tag{補2.8}$$

ここで，$\gamma = \sqrt{ZY} = \alpha + j\beta$ は**伝搬定数**（propagation constant）と呼ばれ，実数部の α は**減衰定数**（attenuation constant），虚数部 β は**位相定数**（phase constant）と呼ばれる．式 (補2.7), (補2.8) に含まれる定数 E_1, E_2, I_1, I_2 は線路に接続される負荷に依存した境界条件で決定される．式 (補2.7), (補2.8) の第 1 項は電源側から負荷側に向かう入射波を表し，第 2 項は，負荷側から電源に向かって進行する反射波を表している．

線路上に現れる電圧は，入射波と反射波の合計になるのに対し，電流については，入射波と反射波の差が実際の線路を流れる．

補章 2.2　特性インピーダンス

前節の元の式 (補2.3) から,以下のように,I を求め,$\dfrac{dE}{dl}$ に波動方程式の一般解 (補2.7) を代入すると,

$$I = -\frac{dE/dl}{Z} = \frac{\gamma}{Z}\{E_1 \exp(-\gamma l) - E_2 \exp(\gamma l)\} \tag{補2.9}$$

上式を,式 (補2.8) と等値すると,

$$\frac{\gamma}{Z}\{E_1 \exp(-\gamma l) - E_2 \exp(\gamma l)\} = I_1 \exp(-\gamma l) - I_2 \exp(\gamma l) \tag{補2.10}$$

となるが,各波ごとの電圧と電流の関係を求めると,入射波については,

$$\frac{E_1}{I_1} = \sqrt{\frac{Z}{Y}} \tag{補2.11}$$

反射波についても

$$\frac{E_2}{I_2} = \sqrt{\frac{Z}{Y}} \tag{補2.12}$$

という関係が線路上すべての位置で維持されていることが分かる.

上記右辺の $\sqrt{\dfrac{Z}{Y}}$ は**特性インピーダンス** (characteristic impedance) と呼ばれる不変量で,入射波および反射波について,電圧と電流の比が回路の持つ導体の単位長あたりのインダクタンスとキャパシタンスの比率で決まることを意味する.この値は,インピーダンスの次元を持ち,通常 $Z_0\,\Omega$ で表される.テレビのフィーダなどの平行2線の場合には,ほぼ次式で与えられる.

$$Z_0 = 277 \log_{10} \frac{2D}{a} \,\Omega \tag{補2.13}$$

ここに,a は各導体の直径を,D は両導体間の距離を表す.また,同軸ケーブルでは次式で表現される.

$$Z_0 = 138 \log_{10} \frac{D}{d}\sqrt{\varepsilon_r}\,\Omega \tag{補2.14}$$

ここに,d は内部導体の直径,D は外部導体の内径,ε_r は両導体間に挟まれる保持材料の比誘電率を表す.Ethernet ケーブルの特性インピーダンスが $50\,\Omega$ とか,SCSI (small computer system interface) ケーブルの特性インピーダンスが $100\,\Omega$ というのはこの値を表している.この抵抗は,あくまでも電圧と電流の比率を表すだけであり,同軸ケーブルの $50\,\Omega$ がそのまま発熱を伴う抵抗を意味するものではない.

補章 2.3　反射波と定在波

式 (補2.7), (補2.8) に含まれる定数 E_1, E_2, I_1, I_2 は，終端に接続される負荷インピーダンスによって決まるが，まず，線路上の座標原点を線路の終端部に定める．このように座標軸をとると $\exp(-\gamma l) = \exp(\gamma l) = 1$ となるため，負荷インピーダンスに加わる電圧 E_L については，入射波の電圧と反射波の電圧が重畳され，以下の関係が成り立つ．

$$E_L = E_1 + E_2 \tag{補2.15}$$

一方，電流については，式 (補2.8) で反射波の電流方向を入射波と反対方向を正に定めたので，線路終端部では次式のように，入射波の電流と反射波の電流の差が負荷インピーダンスに流れることになる．

$$I_L = I_1 - I_2 \tag{補2.16}$$

また，負荷インピーダンス Z_L についての電圧と電流の間には，以下の関係が成り立つ．

$$E_L = I_L Z_L \tag{補2.17}$$

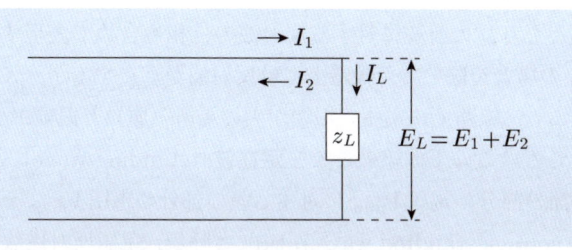

図 補2.2　線路終端部での反射

例題補2.1

電圧反射係数を $\rho = \dfrac{E_2}{E_1}$ と定めるとき，この値を，負荷のインピーダンス Z_L と線路の特性インピーダンス Z_0 を用いて表現せよ．

【解答】 式 (補2.16) を (補2.17) に代入し,

$$E_L = (I_1 - I_2)Z_L$$

さらに式 (補2.15) を用い,

$$E_1 + E_2 = (I_1 - I_2)Z_L$$

特性インピーダンスの定義を用い, I_1, I_2 を E_1, E_2 で書き換え, 以下の関係を得る.

$$E_1 + E_2 = (E_1 - E_2)\frac{Z_L}{Z_0}$$

さらに ρ の定義を用いると,

$$\frac{1+\rho}{1-\rho} = \frac{Z_L}{Z_0}$$

これより以下の関係を得る.

$$\rho = \frac{Z_L - Z_0}{Z_L + Z_0}$$

以上の例題の結果に見るように,入射波に対する反射波の比は,特性インピーダンスと終端に接続されるインピーダンスの関係によって決まるが,ρ は一般には複素数となり,入射波に対する反射波の位相も含めて表現する量である.

$Z_L = Z_0$ の場合を除いて,線路上には反射波が存在するが,入射波と反射波は干渉を起こし,線路上に電圧の振幅が大の場所(腹)と振幅が小の場所(節)が交互に生じる.この干渉縞のことを**定在波** (standing wave) という.

定在波の節の部分の電圧 $V_{\min}$ に対する腹の部分の電圧 $V_{\max}$ を**電圧定在波比**(**VSWR**; voltage standing wave ratio)と呼び,電圧反射係数 ρ を用いて次のように表される.

$$\text{VSWR} = \frac{V_{\max}}{V_{\min}} = \frac{1+|\rho|}{1-|\rho|} \qquad (補2.18)$$

この定在波比が大きいと,エネルギのロスが増加するのみならず,通信機器の誤動作の原因ともなるので,この値がなるべく 1 に近づくように,すなわち特性インピーダンスにほぼ等しい負荷抵抗で終端するよう通信線路は設計される.

補章 2.4　駆動点インピーダンス

前節では，伝送線路の終端部での反射を反射係数および電圧定在波比の面から考察したが，線路を流れる電流についても定在波は存在し，その分布は一般には電圧と異なった位相関係になる．従って，終端負荷から距離 d だけ離れた点に電源を接続して，電力を供給する際の電圧と電流の関係は d に依存して変わることになる．

このように，負荷インピーダンスが接続されている点から距離 d だけ離れた点で観測される電圧と電流の比率のことを，**駆動点インピーダンス** (driving point impedance) と呼ぶ．

線路終端部での電流の関係式 (補2.16) に終端負荷条件 (補2.17) を適用し，式 (補2.11), (補2.12) の関係を用いると，次式の関係が得られる．

$$\frac{E_L}{Z_L} = \frac{E_1}{Z_0} - \frac{E_2}{Z_0} \qquad (補2.19)$$

さらに，電圧についての境界条件 (補2.15) を用い，E_1 を消去すると，

$$\frac{E_L}{Z_L} = \frac{E_L - E_2}{Z_0} - \frac{E_2}{Z_0} \qquad (補2.20)$$

上式より E_2 を求めると，以下の表現が得られる．

$$E_2 = E_L \frac{1 - (Z_0/Z_L)}{2} \qquad (補2.21)$$

同様に，

$$E_1 = E_L \frac{1 + (Z_0/Z_L)}{2} \qquad (補2.22)$$

$$I_1 = I_L \frac{1 + (Z_L/Z_0)}{2} \qquad (補2.23)$$

$$I_2 = -I_L \frac{1 - (Z_L/Z_0)}{2} \qquad (補2.24)$$

これらの結果を一般解 (補2.7), (補2.8) に代入すると，線路終端から距離 d 離れた点での電圧と電流は，次式で表される．ただし，d は l と逆向きを正にしているため，座標原点を負荷位置にとり，$l = -d$ として算出する．

$$\bm{E}(d) = E_L \left(\cosh \gamma d + \frac{Z_0}{Z_L} \sinh \gamma d \right) \qquad (補2.25)$$

$$\bm{I}(d) = I_L \left(\cosh \gamma d + \frac{Z_L}{Z_0} \sinh \gamma d \right) \qquad (補2.26)$$

これらの比をとり，駆動点インピーダンスは以下のように表現される．

$$Z(d) = \frac{E(d)}{I(d)} = Z_0 \frac{Z_L + Z_t \tanh \gamma d}{Z_0 + Z_L \tanh \gamma d} \qquad (\text{補}2.27)$$

ここで，

$$\tanh \gamma d = \frac{\sinh \gamma d}{cosh \gamma d}$$

$$\sinh \gamma d = \frac{\exp(\gamma d) - \exp(-\gamma d)}{2}$$

$$\cosh \gamma d = \frac{\exp(\gamma d) + \exp(-\gamma d)}{2}$$

である．

式 (補2.27) で，d が波長に比べて十分短いときには，$\tanh \gamma d \to 0$ となり，$Z(d) = Z_L$ なる関係が得られる．

一方，d が $\frac{\lambda}{4}$ になると，$\gamma d = \frac{\pi}{2}$ で $\tanh \gamma d \to \infty$ となる．この状態で終端にキャパシタ C を取り付けた場合，$Z_L = \frac{1}{j\omega C}$ であるが，$Z(d) = Z_0^2 j\omega C$ となり，終端から d 離れた場所では，インダクタンスを見ることになる．

これゆえ，集中定数を取り付ける高周波の配線は，波長より十分短くすることが重要であるが，もっと高い周波数帯では回路自体を全て分布定数回路を主体とした構成とすることが要求される．詳細は巻末の参考書を参照されたい．

補章2の問題

☐ **1** 終端が (a) 開放されている場合，および (b) 短絡されている場合，の両者について，反射波と入射波の電圧の振幅および位相を比較せよ．

☐ **2** 電圧定在波比が S で与えられている伝送線路について，電圧反射係数 ρ の絶対値ならびに，そのとりうる範囲を求めよ．

☐ **3** 電圧定在波比 1.5 の伝送線路では，入射波のエネルギの何%が反射するか．

☐ **4** 無限に長い特性インピーダンス $300\,\Omega$ の平行線路の一端に，$75\,\Omega$ の純抵抗を接続したとき，電圧反射係数および定在波比を求めよ．また，整合条件を満たすために理想トランスを挿入する場合，最適な巻き数比を求めよ．

付録1
JIS C0617 に定められた図記号

図記号	説明
	接地（一般図記号）
	フレーム接続，シャシ
	理想電流源
	理想電圧源
	抵抗器（一般図記号）
	可変抵抗器
	コンデンサ（キャパシタ）（一般図記号）
	インダクタ，コイル，巻線，チョーク（リアクトル）
	磁心入りインダクタの例
	2巻線変圧器（様式1）
	2巻線変圧器（様式2）

付録 1

─┤├─	1次電池または2次電池．長線が陽極（＋），短線が陰極（－）
（G記号付き素子）	太陽光発電装置
	断路器
	双投形断路器
	ヒューズ（一般図記号）
Ⓥ	電圧計
（↑記号）	検流計
G ～ 500 Hz	正弦波発生器（500 Hz）

参考（旧図記号）

─/\/\/─	抵抗器
─┤├─	コンデンサ（キャパシタ）
	断路器
	双投形断路器

付録2
2ポート主要行列表現間の変換表

	Z		Y		H		F	
Z	z_{11}	z_{12}	$\dfrac{y_{22}}{\Delta y}$	$-\dfrac{y_{12}}{\Delta y}$	$\dfrac{\Delta h}{h_{22}}$	$\dfrac{h_{12}}{h_{22}}$	$\dfrac{A}{C}$	$\dfrac{\Delta F}{C}$
	z_{21}	z_{22}	$-\dfrac{y_{21}}{\Delta y}$	$\dfrac{y_{11}}{\Delta y}$	$-\dfrac{h_{21}}{h_{22}}$	$\dfrac{1}{h_{22}}$	$\dfrac{1}{C}$	$\dfrac{D}{C}$
Y	$\dfrac{z_{22}}{\Delta z}$	$-\dfrac{z_{12}}{\Delta z}$	y_{11}	y_{12}	$\dfrac{1}{h_{11}}$	$-\dfrac{h_{12}}{h_{11}}$	$\dfrac{D}{B}$	$-\dfrac{\Delta F}{B}$
	$-\dfrac{z_{21}}{\Delta z}$	$\dfrac{z_{11}}{\Delta z}$	y_{21}	y_{22}	$\dfrac{h_{21}}{h_{11}}$	$\dfrac{\Delta h}{h_{11}}$	$-\dfrac{1}{B}$	$\dfrac{A}{B}$
H	$\dfrac{\Delta z}{z_{22}}$	$\dfrac{z_{12}}{z_{22}}$	$\dfrac{1}{y_{11}}$	$-\dfrac{y_{12}}{y_{11}}$	h_{11}	h_{12}	$\dfrac{B}{D}$	$\dfrac{\Delta F}{D}$
	$-\dfrac{z_{21}}{z_{22}}$	$\dfrac{1}{z_{22}}$	$\dfrac{z_{21}}{y_{11}}$	$\dfrac{\Delta y}{y_{11}}$	h_{21}	h_{22}	$-\dfrac{1}{D}$	$\dfrac{C}{D}$
F	$\dfrac{z_{11}}{z_{21}}$	$\dfrac{\Delta z}{z_{21}}$	$-\dfrac{y_{22}}{y_{21}}$	$-\dfrac{1}{y_{21}}$	$-\dfrac{\Delta h}{h_{21}}$	$-\dfrac{h_{11}}{h_{21}}$	A	B
	$\dfrac{1}{z_{21}}$	$\dfrac{z_{22}}{z_{21}}$	$-\dfrac{\Delta y}{y_{21}}$	$-\dfrac{y_{11}}{y_{21}}$	$-\dfrac{h_{22}}{h_{21}}$	$-\dfrac{1}{h_{21}}$	C	D

ただし,$\Delta z = \det(Z)$, $\Delta y = \det(Y)$, $\Delta h = \det(H)$, $\Delta F = \det(F)$

問題略解

第 2 章

1 (a) $R = \dfrac{\rho L}{S} = \dfrac{\rho L}{\pi r^2}$. よって, $\rho = \dfrac{\pi r^2 R}{L}\,\Omega m$.

(b) 観測電極間距離を ΔL, 円柱の底面積を A, 導電率を σ, 電流を I, 観測電圧を V としたとき, 観測領域の抵抗値 $R = \dfrac{\Delta L}{\sigma A}$ より, $\sigma = \dfrac{\Delta L}{AR} = \dfrac{\Delta L I}{AV} = \dfrac{I\Delta L}{\pi r^2 V} = \dfrac{5 \times 10^{-2} \times 10^{-3}}{\pi \times 10^{-4} \times 10^{-2}} = \dfrac{50}{\pi} = 15.9\,\mathrm{S/m}$.

(c) 通電用電極の接触抵抗が増加しても,定電流源を用いているので,観測領域を流れる電流値には変化がない.以上より,測定誤差は生じない(この方法は,四電極法と呼ばれ,接触抵抗が不安定な生体組織などの導電率測定に用いられている).

2 電池 2 本を並列にしたものを 2 個直列にし,これに $1.2\,\Omega$ の抵抗を並列接続する.このとき,$1.2\,\Omega$ の抵抗の消費電力は $p = \dfrac{(2.4)^2}{1.2} = 4.8\,\mathrm{W}$ となる.

3 (a) $I_2 = I_1 + I_0$

(b) $I_1 R_1 + I_2 R_2 - E_0 = 0$

(c) (a) の結果を (b) に代入し,$I_1 = \dfrac{E_0 - I_0 R_2}{R_1 + R_2}$ を得る.

第 3 章

1 Thévenin's Law を用いて以下の等価回路を得る.

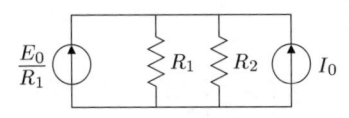

両電流源の電流値総和をコンダクタンス比で配分すると,

$$I_2 = \frac{R_1}{R_1+R_2}\left(\frac{E_0}{R_1}+I_0\right) = \frac{E_0+R_1I_0}{R_1+R_2}$$

2 (a) 開放電圧を求めると，$V_0 = I_0 R_2$．
内部抵抗：$R = R_2 + R_3$（図は略）

(b) 電流源：$I = \dfrac{R_2}{R_2+R_3}I_0$

並列コンダクタンス：$G = \dfrac{1}{R_2+R_3}$（図は略）

(c) R_1 には I_0，R_2，R_3 には各 $\dfrac{I_0}{2}$ の電流が流れる．各々について $P = I^2 R$ を求め，総和をとると，$P_{\text{total}} = \dfrac{7}{4}I_0^2 R_1$．

（電源回路内部の消費電力の計算には，等価回路表示は使用できない）

第 4 章

1 $5\,\Omega$（Δ–Y 変換を用いる）

2 (a) $R_A + R_B = 60$，$R_B + R_C = 120$，$R_A + R_C = 100$ より $R_A = 20\,\Omega$，$R_B = 40\,\Omega$，$R_C = 80\,\Omega$ を得る．

(b) Δ–Y 変換を用い，$R_{AB} = 70\,\Omega$，$R_{BC} = 280\,\Omega$，$R_{CA} = 140\,\Omega$．

3 右の 2 つの回路の重ね合せを考える．AB 間をつなぐ 1 本の抵抗素子（抵抗値 $1/G\,\Omega$）には $\dfrac{1}{3}$ A の電流が流れるので，AB 間の電位差は $\dfrac{1}{3G}$ V となる．一方，AB 間を流れる全電流を I_T，AB 間の合成抵抗を R とすると，$V_{AB} = I_T R$．よって $R = \dfrac{1}{3G}\,\Omega$．

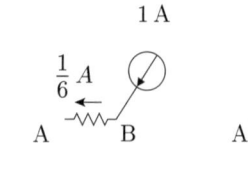

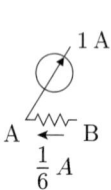

第 5 章

1 式 (5.12) より，キャパシタに流れる電流は角周波数に比例する．周波数が $50\,\text{Hz}$ から $60\,\text{Hz}$ に増加することに伴い，電流は，$\dfrac{60}{50} = 1.2$ 倍となる．従って，電流ピー

ク値は, $1.2 \times \sqrt{2}\,\text{A} = 1.7\,\text{A}$.

2 式 (5.14) より, $L = \dfrac{V}{I_0 \omega}$. 電流, 電圧とも, ピーク値に統一すると, $V = 10 \times 10^{-3}$, $I_0 = 10\sqrt{2} \times 10^{-3}$, $\omega = 2\pi \times 1000$, よって $L = 0.113\,\text{mH}$.

第6章

1 (a)
$$v_1 = 100\sqrt{2}\sin\left(100\pi t + \frac{\pi}{5}\right)$$
$$= \sqrt{2}\,\text{Im}\left\{100\exp\left(\frac{j\pi}{5}\right)\exp(j100\pi t)\right\}$$
$$\Rightarrow 100\exp\left(\frac{j\pi}{5}\right)$$

(b)
$$v_2 = 2\cos\left(2t + \frac{\pi}{6}\right) + \sin 2t$$
$$= 2\sin\left(2t + \frac{\pi}{6} + \frac{\pi}{2}\right) + \sin 2t$$
$$= 2\sin\left(2t + \frac{2\pi}{3}\right) + \sin 2t$$
$$= \sqrt{2}\,\text{Im}\left[\frac{1}{\sqrt{2}}\left\{2\exp\left(\frac{2j\pi}{3}\right) + 1\right\}\exp(j2t)\right]$$
$$\Rightarrow \frac{1}{\sqrt{2}}2\exp\left(\frac{2j\pi}{3}\right) + 1 : \text{この 2 複素ベクトルを合成}$$
$$= \frac{1}{\sqrt{2}}\sqrt{3}\exp\left(\frac{j\pi}{2}\right) = \frac{\sqrt{6}}{2}\exp\left(\frac{j\pi}{2}\right)$$

2 (a) $E = 200\exp\left(\dfrac{j3\pi}{4}\right)$

(b) 与式 $= 2\sin\left(\omega t + \dfrac{\pi}{3}\right) - \sin\omega t - \sqrt{3}\sin\left(\omega t + \dfrac{\pi}{2}\right) = 0$ (∵ 右図のように全ベクトルが相殺)

3 時計方向に回路を一巡する電流を I とすると，$V_B = -IR = -5I = -10$ より $I = 2\text{A}$. 一方 $V_A = \dfrac{LdI}{dt} = j\omega LI = j20\pi$. よって $L = \dfrac{20\pi}{2\pi fI} = \dfrac{10}{fI} = 5 \times 10^{-3} = 5\,\text{mH}$.

第7章

1 (a) $z = R + \dfrac{j\omega L}{1 - \omega^2 LC}$

(b) 一段分のコンデンサ 2 個を取り外して考えると以下の関係が成立．

$$z = \left(\dfrac{1}{j\omega C} + z\right) \mathbin{/\mkern-5mu/} \dfrac{1}{j\omega C} = \dfrac{z + (1/j\omega C)}{2 + j\omega Cz} = \dfrac{1 + j\omega Cz}{2j\omega C - \omega^2 C^2 z}$$

$2j\omega Cz - \omega^2 C^2 z^2 = 1 + j\omega Cz$

$\omega^2 C^2 z^2 - j\omega Cz + 1 = 0$

$\text{Im}(z) < 0$ より，上記 2 次方程式の負根のみをとり，

$$z = \dfrac{j\omega C - \sqrt{-\omega^2 C^2 - 4\omega^2 C^2}}{2\omega^2 C^2}$$
$$= \dfrac{(1-\sqrt{5})j}{2\omega C}$$

2 $I_c = \dfrac{E}{z} = \dfrac{300}{1/(j\omega C)} = 300 \times \pi Cj = 4 \times 10^{-4} \times 30 \times 10^3 \pi \dfrac{j}{3\pi} = 4j = 4\exp\left(\dfrac{j\pi}{2}\right)$

$|I_T| = \sqrt{3^2 + 4^2} = 5\,\text{A}$

（右図のようにベクトルを合成）

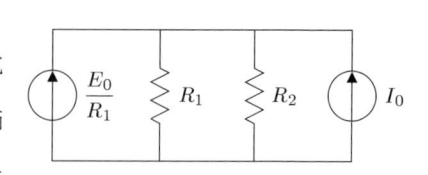

3 両電圧源を電流源に直すと，両者とも 2 A. これを並列にすると，内部抵抗 $R_0 = \dfrac{12 \times 3}{12 + 3} = 2.4\,\Omega$，電流 4 A の等価電流源を得る．従って，$R = 2.4\,\Omega$ で最大電力は $RI^2 = 2.4 \times 4 = 9.6\,\text{W}$.

4 (a) 電流源を電圧源に書き換える．$V' = I_0 z_c = \dfrac{I_0}{j\omega C} = -\dfrac{I_0 j}{\omega C}$．よって，開放電圧 $= V_0 + V' = V_0 - \dfrac{I_0 j}{\omega C}$．

(b) 2つの電圧源およびコンデンサを統合し右図の等価回路を得る．ただし，$V'' = V_0 + V' = V_0 - \dfrac{I_0 j}{\omega C}$．

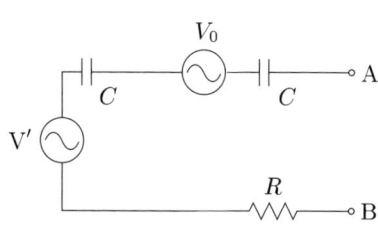

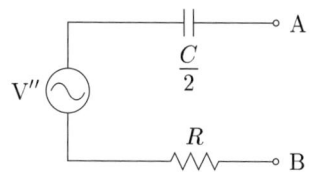

第8章

1 $z = j\omega L_1 \dfrac{1 - \omega^2 L_2 C}{1 - \omega^2 C(L_1 + L_2)}$

共振周波数：$\omega^2 L_2 C = 1$ より $\omega_r = \dfrac{1}{\sqrt{L_2 C}}$．

反共振周波数：$\omega^2 C(L_1 + L_2) = 1$ より $\omega_a = \dfrac{1}{\sqrt{(L_1 + L_2)C}}$．

（図略）

2 $z = R \mathbin{/\mkern-5mu/} \dfrac{1}{j\omega C} = \dfrac{R}{1 + j\omega CR}$

$x = \mathrm{Re}[z] = \dfrac{R}{1 + \omega^2 C^2 R^2}$, $y = \mathrm{Im}[z] = -\dfrac{\omega C R^2}{1 + \omega^2 C^2 R^2}$

以上より ω を消去し，

$\left(x - \dfrac{R}{2}\right)^2 + y^2 = \dfrac{R^2}{4}$, （ただし $y < 0$） 右下の半円を得る．

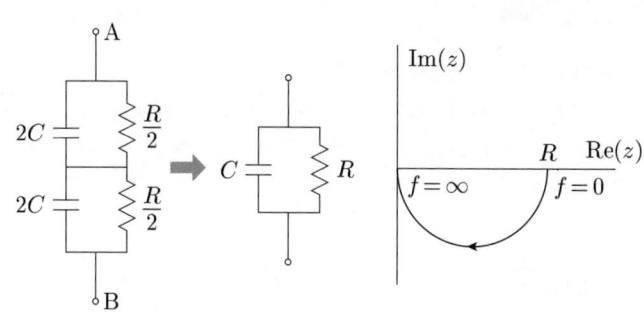

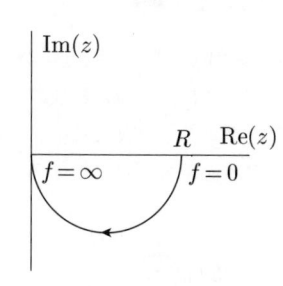

3 $z_1 = \dfrac{R_1}{1+j\omega C_1 R_1}$, $z_2 = R_2$, $Z_3 = R_3$, $z_4 = R_4 + j\omega L$

$z_2 z_3 = z_1 z_4$ より

$$R_2 R_3 = R_1 \dfrac{R_4 + j\omega L}{1 + j\omega C_1 R_1} \tag{1}$$

左辺は実数なので，右辺も実数．

$$\text{よって} \dfrac{\omega L}{R_4} = \omega C_1 R_1. \text{ すなわち } C_1 = \dfrac{L}{R_1 R_4} \tag{2}$$

この結果を (1) に代入し，$C_1 = \dfrac{L}{R_2 R_3}$, $R_1 = \dfrac{R_2 R_3}{R_4}$, $Q = \dfrac{\omega L}{R_4}$ を得る．

4 (a) $f_p = \dfrac{1}{2\pi\sqrt{LC}}$

(b) Q の定義より $R_A = \dfrac{Q_c}{\omega_1 C}$, $R_B = \dfrac{\omega_1 L}{Q_L}$.
また (A) を直列等価回路に変換すると，$Q_c \gg 1$ より右図の等価回路を得る．
ただし，$R_S = \dfrac{R_A}{Q_c^2} = \dfrac{1}{\omega_1 C Q_c}$

従って，全体の回路は左下のようになり，右下のインピーダンス軌跡を得る．ただし，$R_T = R_S + R_B = \dfrac{1}{\omega_1 C Q_c} + \dfrac{\omega_1 L}{Q_L} = \dfrac{Q_L + \omega_1^2 L C Q_c}{\omega_1 C Q_c Q_L}$

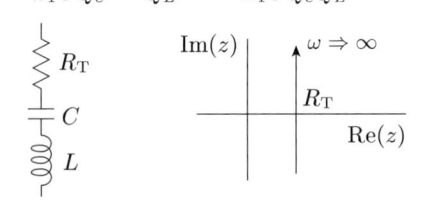

第 9 章

1 (a) $V_{AB} = 3V_0$（電圧は巻き線数に比例）

(b) インピーダンスは巻き線数の二乗に比例するため，変成器を通してみた電源の内部インピーダンスは $9R$ となり，下図左の等価回路を得る．さらに，ノートンの定理を用い右の電流源表現に変換する．

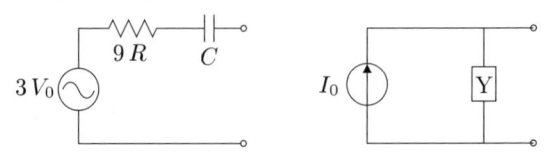

問題略解

ただし，$I_0 = \dfrac{3V_0}{9R + 1/(j\omega C)}$, $Y = 1 \mathbin{/\mkern-6mu/} \left(9R + \dfrac{1}{j\omega C}\right)$

2 $\left(\dfrac{n_2}{n_1}\right)^2 = \dfrac{200}{50} = 4$

$L_1 = n_1^2 L_0$, $L_2 = n_2^2 L_0$

以上より

$L_1 = \dfrac{n_1^2}{n_2^2} L_2 = \dfrac{300}{4} = 75\,\text{mH}$

$M = k\sqrt{L_1 L_2} = \sqrt{75 \times 300} = 150\,\text{mH}$

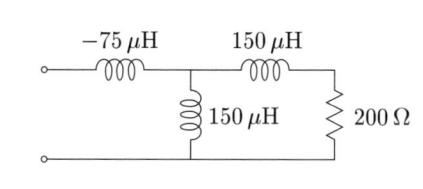

右の等価回路を得る

3 巻き数比は 2：1，従ってインピーダンス比は 4：1

$Z_l = \dfrac{(R_1 + j\omega L_1)^*}{4} = \dfrac{R_1 - j\omega L_1}{4}$ で最大電力を引き出せる．

$\dfrac{1}{j\omega C} = -\dfrac{j\omega L_1}{4}$ より，$C = \dfrac{4}{\omega^2 L_1}$ [F], $R = \dfrac{R_1}{4}$

4 (a) $M = k\sqrt{L_1 L_2} = \sqrt{L_1 L_2} = \sqrt{4L_1^2} = 2L_1$

(b) $L_1 \to \infty$

(c) 下図

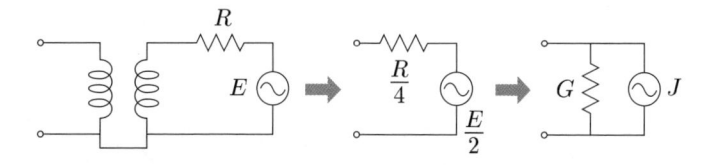

第 10 章

1
$$\begin{bmatrix} \dfrac{1}{R_1} + \dfrac{1}{R_2} + G_4 & -G_4 - \dfrac{1}{R_2} & 0 \\ -G_4 - \dfrac{1}{R_2} & \dfrac{1}{R_2} + G_4 + G_5 & -G_5 \\ 0 & -G_5 & G_3 + G_5 \end{bmatrix} \begin{bmatrix} V_1 \\ V_2 \\ V_3 \end{bmatrix} = \begin{bmatrix} G_4 E_4 \\ -J_2 - J_5 - G_4 E_4 \\ J_5 - J_3 \end{bmatrix}$$

2 V_1, E_4, V_3 を囲む範囲を super node：S とし，この範囲への電流の流入，流出を

考える.

S について : $J_1 + \dfrac{V_1 - V_2}{R_1} + J_2 + G_3 V_3 = 0$

V_2 について : $\dfrac{V_2 - V_1}{R_1} + G_5 V_2 = J_1 + J_2 - J_5$

KVL : $V_1 - V_3 = E_4$

以上を未知数 V_1, V_2, V_3 について整理し, 以下の行列表現を得る.

$$\begin{bmatrix} \dfrac{1}{R_1} & -\dfrac{1}{R_1} & G_3 \\ -\dfrac{1}{R_1} & \dfrac{1}{R_1}+G_5 & 0 \\ 1 & 0 & -1 \end{bmatrix} \begin{bmatrix} V_1 \\ V_2 \\ V_3 \end{bmatrix} = \begin{bmatrix} -J_1 - J_2 \\ J_1 + J_2 - J_5 \\ E_4 \end{bmatrix}$$

第11章

1 右図の等価回路を用い2つの閉路を考える.

$$R_1 I_1 + j\omega L I_1 - j\omega L I_2 = R_1 I_0$$
$$-j\omega L I_1 + \left(j\omega L + \dfrac{1}{j\omega C}\right) I_2 = E_1$$

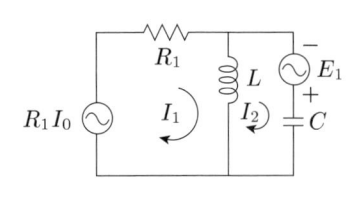

以上を整理すると次式を得る.

$$\begin{bmatrix} R_1 + j\omega L & -j\omega L \\ -j\omega L & j\omega L + \dfrac{1}{j\omega C} \end{bmatrix} \begin{bmatrix} I_1 \\ I_2 \end{bmatrix} = \begin{bmatrix} R_1 I_0 \\ E_1 \end{bmatrix}$$

2 (a) $(I_3 - I_1)R_1 + (I_3 - I_2)R_2 + E_2 = 0$
補木 E_1, R_4 が生成する各ループには電流源が含まれるため, KVL は生成できない.
(b) $E_1 = R_1(I_1 - I_3) + R_2(I_2 - I_3) + I_2 R_4$
(c) $I_0 = I_2 - I_1$.
(d) $-R_1 I_1 - R_2 I_2 + (R_1 + R_2) I_3 = -E_2$
$R_1 I_1 + (R_2 + R_4) I_2 - (R_1 + R_2) I_3 = E_1$
$-I_1 + I_2 = I_0$

以上を行列表示すると,

$$\begin{bmatrix} -R_1 & -R_2 & R_1+R_2 \\ R_1 & R_2+R_4 & -(R_1+R_2) \\ -1 & 1 & 0 \end{bmatrix} \begin{bmatrix} I_1 \\ I_2 \\ I_3 \end{bmatrix} = \begin{bmatrix} -E_2 \\ E_1 \\ I_0 \end{bmatrix}$$

第12章

1
$$Z = \begin{bmatrix} 3R & 2R \\ R & 2R \end{bmatrix}$$

変換表より基本行列を求めると,

$$F = \begin{bmatrix} \dfrac{3}{2} & R \\ \dfrac{1}{2R} & 1 \end{bmatrix}$$

2 (a) 電圧は巻き線数に比例, インピーダンスは巻き線数の二乗に比例することに留意し, Z 行列を求めると,

$$Z = \begin{bmatrix} 2R & 4R \\ 4R & 8R \end{bmatrix}$$

変換表より基本行列を求めると,

$$F = \begin{bmatrix} \dfrac{1}{2} & 0 \\ \dfrac{1}{4R} & 2 \end{bmatrix}$$

(b) **1** の結果と (a) の結果の積で全体の F を求める.

$$F_{\text{total}} = \begin{bmatrix} \dfrac{3}{2} & R \\ \dfrac{1}{2R} & 1 \end{bmatrix} \begin{bmatrix} \dfrac{1}{2} & 0 \\ \dfrac{1}{4R} & 2 \end{bmatrix} = \begin{bmatrix} 1 & 2R \\ \dfrac{1}{2R} & 2 \end{bmatrix}$$

(c) $z_i = \dfrac{Az_L + B}{Cz_L + D} = \dfrac{4R + 2R}{(4R)/(2R) + 2} = \dfrac{3}{2}R$

3 右図の回路の 2 段カスケード接続と考える. 1 段の回路について Z 行列を求めると, 各要素は以下のようになる.

$$z_{11} = j\omega L + \frac{1}{j\omega C}$$

$$z_{12} = z_{21} = z_{22} = \frac{1}{j\omega C}$$

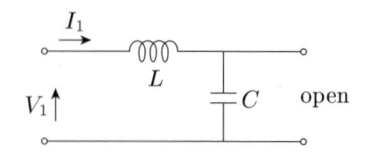

Z → F 変換を行い,

$$A = 1-\omega^2 LC, \quad B = j\omega L, \quad C = j\omega C, \quad D = 1$$

この F 行列の積により, 全体の F 行列を求める.

$$[F] = \begin{bmatrix} A & B \\ C & D \end{bmatrix} \begin{bmatrix} A & B \\ C & D \end{bmatrix} = \begin{bmatrix} 1 - 3\omega^2 LC + \omega^4 L^2 C^2 & j\omega L(2 - \omega^2 LC) \\ j\omega C(2 - \omega^2 LC) & 1 - \omega^2 LC \end{bmatrix}$$

4 (a) Thévenin 則より下記の等価回路を得る.

$$Z_0 = (10 + j\omega L) \mathbin{/\mkern-5mu/} \frac{1}{j\omega C}$$

$$= \frac{10 + j\omega L}{10j\omega C - \omega^2 LC + 1}$$

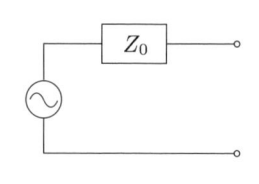

(b) 第 12 章の出力インピーダンス計算式 (12.37) より

$$Z_0 = \frac{B + DZs}{A + CZs} = \frac{j\omega L + 10}{1 - \omega^2 LC + 10j\omega C}$$

当然ながら, 両者は一致する.

5

(a) $z = \begin{bmatrix} 100 & 100 \\ 100 & 100 + \dfrac{1}{j\omega C_0} \end{bmatrix}$ $F = \begin{bmatrix} 1 & \dfrac{1}{j\omega C_0} \\ \dfrac{1}{100} & 1 + \dfrac{1}{100 j\omega C_0} \end{bmatrix}$

(b) $\det(F_2) = 1$ より $A = \dfrac{j\omega L}{100} + 1$

$$F_{\text{total}} = F_1 F_2$$

$$= \begin{bmatrix} 1 + \dfrac{j\omega L + 1/(j\omega C_0)}{100} & j\omega L + 1/(j\omega C_0) \\ \dfrac{1}{50} + \dfrac{j\omega L + 1/(j\omega C_0)}{10000} & 1 + \dfrac{j\omega L + 1/(j\omega C_0)}{100} \end{bmatrix}$$

問 題 略 解   **169**

補章 1

1 図補1.1 (a) の A–B 間の線間電圧を求めると，図補1.3 の v_A と v_B 間のベクトルの差を求めることで線間電圧のベクトルが以下のように得られる．
$$v_A - v_B = E_0 \left\{ 1 - \exp\left(-\frac{j2\pi}{3}\right) \right\} = \sqrt{3} E_0 \exp\left(\frac{j\pi}{6}\right)$$
すなわち，電圧実効値は，$\sqrt{3}E_0$ となる．

2 各電圧で必要な電流を算出し送電損失を求める．三相以外では帰線分の損失も生じるので2倍する．

(a) $I = \dfrac{P}{V} = 10\,\text{A},\ P_{\text{loss}} = 2I^2 R_t = 200\,\text{W}$

(b) $I = 1\,\text{A},\ P_{\text{loss}} = 2I^2 R_t = 2\,\text{W}$

(c) $V_{\text{eff}} = \dfrac{100}{\sqrt{2}},\ I_{\text{eff}} = \dfrac{P}{V_{\text{eff}}} = \sqrt{2},\ 2I^2 R_t = 4\,\text{W}$

Y 接続に直し，1 つの相だけを考えると，
$$V_{\text{eff}} = \frac{100}{\sqrt{6}}, \quad I_{\text{eff}} = \frac{P/3}{V_{\text{eff}}} = \frac{\sqrt{6}}{3}$$
全相についての損失を求めると，片道の抵抗のみを考え，$P_{\text{loss}} = 3I^2 R_t = 3 \times \dfrac{6}{9} = 2\,\text{W}$．

補章 2

1 例題補 2.1 の結果より，(a) については，$Z_L = \infty$ ∴ $\rho = 1$　入射波と反射波は同振幅かつ同位相．(b) については，$Z_L = 0$ ∴ $\rho = -1$　入射波と反射波は同振幅，位相は180度異なる．

2 式 (補2.18) より，$|\rho| = \dfrac{S-1}{S+1}$　従って，とりうる範囲は $0 \leq |\rho| \leq 1$．

3 前問の結果より，$|\rho| = \dfrac{0.5}{2.5}$　エネルギは電圧の二乗になるので，$\dfrac{P_r}{P_i} = \left(\dfrac{1}{5}\right)^2$．よって，4 %のエネルギが反射する．

4 $\rho = \dfrac{Z_L - Z_0}{Z_L + Z_0} = \dfrac{75 - 300}{75 + 300} = -0.6$
$VSWR = \dfrac{1 + 0.6}{1 - 0.6} = 4$
$\left(\dfrac{n_1}{n_2}\right)^2 = \dfrac{300}{75} = 4,\ \dfrac{n_2}{n_1} = 2$

参考文献

●全般的に
柳沢健, 西原明法：大学セミナー3「基礎電気回路演習」, 昭晃堂 (1981)
内藤喜之：「基礎電気回路」昭晃堂 (1982)
大槻茂雄：電子情報工学講座3「回路基礎論」, 培風館 (1993)
小杉幸夫著, 木田拓郎監：セメスタ対応の電気回路基礎, 昭晃堂 (2007)
Allan R. Hambley："Electrical Engineering", Pearson Education, Inc. (2008)
L.O.Chua, C.A.Desoer, E.S.Kuh："Linear and Nonlinear Circuits", McGraw-Hill (1987)
D.C.Green："Electrical Principles" IV (2nd Ed.), Longman (1992)
●古典的文献として
A. E. Kennelly："Impedance", American Institute of Electrical Engineers Transactions, vol.10, pp.175–232 (1893).
鳳秀太郎：「交流理論」丸善 (1917)
黒川兼三郎：「電気回路・交流現象論」産業図書 (1934)
[1] L. Thévenin："Extension de la loi d'Ohm aux circuits électromoteurs complexes" [Extension of Ohm's law to complex electromotive circuits], *Annales Télégraphiques* (Troisieme série), vol. 10, pp. 222–224 (1883).
[2] H.Helmholtz: Ueber einige Gesetze der Vertheilung electririscher Ströme in körperlicher Leitern mit Anwendung auf die thierisch-electrischen Versuche, Annallen der Physik und Chemie, Vol.165, Issue 7, pp.353–377 (1853)
鳳秀太郎：送電線の接地と重畳の理, 電気学会雑誌, Vol.42, No.404, pp.193–198 (1922)
●補章2
小西良弘：「マイクロ波回路の基礎とその応用」, 総合電子出版社 (1990)

索　　引

あ　行

位相定数　147
インピーダンス行列　121
枝　112

か　行

回転フェーザ　53
木　112
基本行列　122
基本閉路　114
共通帰線変成器　100
駆動点インピーダンス　151
グラフ　112
減衰定数　147

さ　行

出力開放時入力インピーダンス　121
スーパー・ノード　109
静止フェーザ　55
節点　112
節点の次数　112
節点方程式　104
線形回路　3
相互インダクタンス　95
相反定理　131

た　行

タンク回路　85
中性線　141
中性点　138
重畳の理　18
定在波　150
テブナンの定理　20
電圧定在波比　150

電圧反射係数　149
伝搬定数　147
特性インピーダンス　148

は　行

ハイブリッド行列　123
フェーザ表現　53
複素電力　72
部分グラフ　112
閉路　112
閉路解析　111
補木　113
補償の理　37

な　行

内部抵抗　12

ま　行

マクスウェル・ブリッジ　90
密結合変成器　96

ら　行

理想変成器　97
連結　112

数字・欧字

Δ 結線　138
2 ポート回路　120
F 行列　122
H 行列　123
VSWR　150
Y 結線　138
Z 行列　121

著者略歴

小杉 幸夫(こすぎ ゆきお)

1970年　静岡大学工学部電子工学科卒
1975年　東京工業大学大学院博士課程修了
　　　　（電子工学専攻）工学博士
1985年　東京工業大学大学院総合理工学研究科助教授
1999年　同大学フロンティア創造共同研究センター教授
現　在　東京工業大学大学院総合理工学研究科教授

主要著書

神経回路システム，コロナ社 (1995)
セメスタ対応の電気回路基礎，昭晃堂 (1998)
生体情報工学（共著），森北出版 (2000)
脳型情報処理（共著），森北出版 (2006) など

電子・通信工学＝EKR-3
電気回路通論
―電気・情報系の基礎を身につける―

2011年9月25日©　　　　　　　初版発行

著者　小杉幸夫　　　発行者　矢沢和俊
　　　　　　　　　　印刷者　中澤　眞
　　　　　　　　　　製本者　米良孝司

【発行】　　　株式会社　数理工学社
〒151-0051　東京都渋谷区千駄ヶ谷1丁目3番25号
編集 ☎(03)5474-8661(代)　　サイエンスビル

【発売】　　　株式会社　サイエンス社
〒151-0051　東京都渋谷区千駄ヶ谷1丁目3番25号
営業 ☎(03)5474-8500(代)　　振替 00170-7-2387
FAX ☎(03)5474-8900

組版　ビーカム
印刷　シナノ　　　　製本　ブックアート
《検印省略》

本書の内容を無断で複写複製することは，著作者および出版者の権利を侵害することがありますので，その場合にはあらかじめ小社あて許諾をお求め下さい．

サイエンス社・数理工学社のホームページのご案内
http://www.saiensu.co.jp
ご意見・ご要望は suuri@saiensu.co.jp まで

ISBN978-4-901683-81-4
PRINTED IN JAPAN

電気工学通論
　　　仁田旦三著　　２色刷・Ａ５・上製・本体1700円

基礎エネルギー工学
　　　桂井　誠著　　２色刷・Ａ５・上製・本体2200円

電気電子計測
　　　廣瀬　明著　　２色刷・Ａ５・上製・本体2300円

電気機器学基礎
　　　仁田・古関共著　２色刷・Ａ５・上製・本体2500円

高電圧工学
　　　日髙邦彦著　　２色刷・Ａ５・上製・本体2600円

現代パワーエレクトロニクス
　　　河村篤男著　　２色刷・Ａ５・上製・本体1900円

ＭＯＳによる電子回路基礎
　　　池田　誠著　　２色刷・Ａ５・上製・本体2000円

論理回路
　　　一色・熊澤共著　２色刷・Ａ５・上製・本体2000円

　　　＊表示価格は全て税抜きです．
　　　発行・数理工学社／発売・サイエンス社